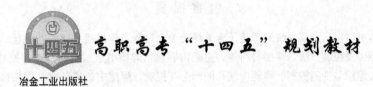

高职高专"十四五"规划教材

冶金工业出版社

金属熔焊原理

Principle of Metal Fusion Welding

主编 曹慧 赵世通

北 京
冶金工业出版社
2022

内 容 提 要

本书以项目形式系统地阐述了金属焊接冶金过程、焊接接头组织与性能、缺陷产生原因及控制方法、焊接材料等，主要内容包括焊接冶金过程的特点与控制、焊接接头组织与性能控制、焊缝中气孔的产生与控制、焊缝中的夹杂物、焊接接头裂纹的产生与控制、焊接材料等。

本书可作为高等职业院校及各类成人教育焊接专业的教材或培训用书，也可供从事焊接工作的工程技术人员参考。

图书在版编目（CIP）数据

金属熔焊原理／曹慧，赵世通主编 . —北京：冶金工业出版社，2022.9
高职高专"十四五"规划教材
ISBN 978-7-5024-9249-6

Ⅰ.①金…　Ⅱ.①曹…　②赵…　Ⅲ.①熔焊—高等职业教育—教材
Ⅳ.①TG442

中国版本图书馆 CIP 数据核字（2022）第 146390 号

金属熔焊原理

出版发行	冶金工业出版社	**电　话**	（010）64027926
地　址	北京市东城区嵩祝院北巷 39 号	**邮　编**	100009
网　址	www.mip1953.com	**电子信箱**	service@ mip1953.com

责任编辑　杨　敏　美术编辑　彭子赫　版式设计　郑小利
责任校对　郑　娟　责任印制　李玉山　窦　唯
北京虎彩文化传播有限公司印刷
2022 年 9 月第 1 版，2022 年 9 月第 1 次印刷
787mm×1092mm　1/16；11 印张；263 千字；167 页

定价 35.00 元

投稿电话　（010）64027932　投稿信箱　tougao@cnmip.com.cn
营销中心电话　（010）64044283
冶金工业出版社天猫旗舰店　yjgycbs. tmall. com
（本书如有印装质量问题，本社营销中心负责退换）

前　言

"金属熔焊原理"是高等职业院校焊接专业的必修课，该课程主要讲述金属在熔焊过程中化学成分、温度、组织和性能的变化规律，常用焊接材料的组成、性能及选用，常见焊接缺陷产生的原因、影响因素以及防止措施等内容。

本书是依据高等职业技术教育的培养目标和"金属熔焊原理"课程教学要求而编写的，在内容编排上充分体现"以就业为导向，突出职业能力培养"的精神，注重实践性和应用性，旨在培养学生在生产实践中分析问题和解决问题的能力，并能进行必要的理论分析。

本书主要有以下特点：

（1）难度适中，以项目化教学为导向，突出能力培养，适合现阶段高职学生学习，内容与国家职业标准、职业技能鉴定及职业岗位有机衔接，理论与实践结合紧密，满足"教、学、做"一体化教学要求；

（2）由长期奋战在教学、科研一线的具有丰富教学经验的"双师型"教师，在总结多年高职教学改革的实践经验基础上编写；

（3）以突出实践性、应用性为原则编排内容，对一些深奥的理论知识进行了精简，将必要的理论知识融于职业能力培养过程，力求做到符合高等职业教育人才培养的要求。

本书由内蒙古机电职业技术学院曹慧、赵世通主编。编写分工为：绪论、项目1、项目3、项目6由曹慧编写，项目2由郭玉利编写，项目4、项目5由赵世通编写。全书由曹慧负责统稿。

本书在编写过程中参考了有关文献资料，充分吸收了国内多所高职院校的教学改革经验，同时得到许多专家同行的帮助，在此表示衷心的感谢！

　　由于编者水平有限，书中难免有疏漏和不妥之处，恳请有关专家和广大读者批评指正。

编　者

2022 年 4 月

目　录

绪　　论

随着国民经济的发展，重工业、装备制造业迅速发展，焊接技术在各行各业显得越来越重要。焊接具有连接质量好、连接紧固、成本低、劳动生产效率高，且易实现机械化和自动化等特点，几乎全部取代了铆接。焊接技术现已广泛应用于船舶、车辆、航空、锅炉、电机、冶炼设备、石油化工机械、矿山机械、起重机械、建筑及国防等领域，并成功地用于不少重型复杂结构的连接，如三峡发电机定子座、2008年奥运会主体育馆"鸟巢"及神舟系列太空飞船（如图0-1所示）。据统计，世界各国年平均生产的焊接结构钢已达钢产量的45%左右。现今焊接技术已经从一种传统的热加工技术发展成为集材料、冶金、结构力学、电子等多门科学为一体的工程学科。

(a)　　　　　　　　　　　　　　　　　(b)

(c)

图 0-1　三峡发电站定子座、"鸟巢"及神舟飞船
(a) 三峡发电机定子座；(b) "鸟巢"；(c) 神舟飞船

A　焊接过程的物理本质

这里所说的物理本质，是指焊接与其他连接方法在宏观和微观两个方面的根本区别。

在机械制造中，连接的方法很多，除焊接外，还有螺栓连接、键连接、铆接与黏结等。焊接不仅与上述方法有实质区别，而且与钎焊的物理本质也不尽相同。

a　焊接的定义

《焊接术语》中提到，焊接是通过加热或加压，或两者并用，并且用或不用填充材料，使工件达到结合的一种方法。

b　焊接的特点

由定义可知，需要外加能量与结合的不可拆卸（即永久性）是焊接在宏观上的特点。

在微观上，焊接的特点则是在焊件之间达成原子间的结合。也就是说，原来分开的工件，经过焊接后，在微观上形成了一个整体。对金属来说，就是在两焊件之间建立了金属键。

以双原子模型进行分析，简要分析如下：

原子与原子之间存在引力与斥力，平衡时，原子间的距离相对固定。引力是由一个原子的最外电子与另一个原子的原子核相互作用引起的，而斥力则是由两个原子的核外电子之间和两个原子之间的相互作用引起的。引力与斥力的大小取决于原子间的距离。只有当这个距离与金属的晶格常数相接近时，引力和斥力才有可能达到平衡而形成金属键。

对于大多数金属来说，原子间的距离需要达到 $r_0 = 0.3 \sim 0.5\text{nm}$，如图 0-2 所示。

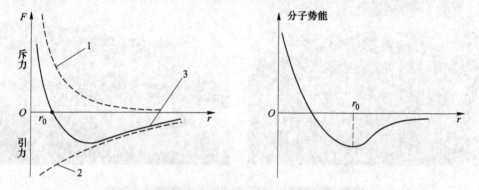

图 0-2　双原子之间相互作用力与距离的关系
1—斥力；2—引力；3—合力

从理论上讲，被焊金属表面间的距离达到 r_A 时，两边的原子产生的引力最大，从而发生扩散、再结晶等物理化学过程，并进一步靠近，最后原子间的距离达到合力为零的平衡位置而建立起金属键，完成焊接过程。但实际上，再没有外加能量的条件下，要使两个分开的固体表面距离达到 r_A 是不可能的。因为即使是精密加工的金属表面，其表面的粗糙度也远远大于 r_A 值。此外，金属表面的氧化膜和其他附属物，也阻碍了金属的紧密结合。因此，焊接时必须输入一定的能量，才能克服上述障碍。在实际生产中，能量主要通过加热和加压两种方式提供。

加热使连接处达到塑性或熔化状态，从而破坏了金属表面的氧化膜，减小变形阻力，同时增加了原子的振动能，有利于再结晶、扩散、化学反应和结晶过程的进行，从而实现焊接。

加压可以破坏表面膜，使连接处发生局部塑性变形，增加了有效的接触面积，当压力达到一定时，两物体表面原子间的距离可接近 r_A，从而产生最大引力，最终达到平衡位置，建立起金属键，形成焊接接头。

B　焊接分类

按照焊接过程中金属所处状态的不同，可以把焊接分为熔焊、压焊、钎焊三类。

a　熔焊

熔焊是在焊接过程中，在不加压力的条件下将焊接接头加热至熔化状态，从而完成焊接的方法。在加热的条件下，当被焊金属加热至熔化状态形成液态熔池时，原子之间可以充分扩散和紧密接触，因此冷却凝固后，可形成牢固的焊接接头。常见的气焊、焊条电弧焊、电渣焊、气体保护电弧焊等属于熔焊。

b　压焊

压焊是在焊接过程中，对焊件施加压力（加热或不加热），以完成焊接的方法。这类焊接有两种方式：一是将被焊金属接触部分加热至塑性状态或局部熔化状态，然后加一定的压力，以使金属原子间相互结合从而形成牢固的焊接接头；二是不进行加热，仅在被焊金属接触面上施加足够大的压力，借助于压力所引起的塑性变形，使原子间相互接近而获得牢固的压挤接头。

c　钎焊

钎焊是采用比母材熔点低的金属材料（该金属材料通常称为钎料），通过将焊件和钎料加热到高于钎料熔点，低于母材熔点的温度，利用液态钎料润湿母材，填充接头间隙并与母材相互扩散实现连接焊件的方法。常见的钎焊方法有烙铁钎焊、火焰钎焊等。

C　学习"金属熔焊原理"课程的目的、要求及方法

a　学习"金属熔焊原理"课程的目的、要求

（1）了解焊接过程的本质，能从理论上说明焊接与其他连接方法的根本区别；

（2）了解熔焊时焊件上温度的变化规律，熟悉焊接条件下金属所经历的化学、物理变化过程，掌握焊接接头在形成过程中其成分、组织与性能变化的规律；

（3）掌握焊接冶金过程中常见缺陷的特征、产生条件及影响因素，并能根据生产实际条件分析缺陷产生的原因，提出防治措施。

（4）掌握常用焊接材料的性能特点、焊接材料牌号及应用范围，能针对被焊母材性质选用焊接材料。

b　对"金属熔焊原理"课程学习方法的建议

（1）坚持理论与实践结合，即在分析问题时一定不能脱离焊接的特点和具体生产条件；

（2）善于综合运用多方面的知识，因"金属熔焊原理"课程内容广泛，只有将各方面的知识融会贯通，并能在不同的条件下加以应用，才能提高分析和解决问题的能力；

（3）善于在错综复杂的影响因素中找到起主要作用的因素。

"金属熔焊原理"课程涉及的内容主要是与生产实际联系密切的基础知识，还有大量的更深入、更广泛的知识，有待同学们在今后的学习与工作中进一步探索。

思考题

0-1　填空题

1. 金属连接的方式主要有_____、_____、_____、_____等形式。其中，属于永固连接的是_____、_____。

2. 按照焊接过程中金属所处的状态不同，可以把焊接分为_____、_____、_____三类。

3. 焊接是通过_____或_____或两者并用，用或_____，使焊件达到接合的一种加工工艺方法。

0-2　判断题

1. 焊接是一种可拆卸的连接方式。　　　　　　　　　　　　　　　　　（　　）

2. 熔焊是一种既加热又加压的焊接方法。　　　　　　　　　　　　　　（　　）

3. 钎焊是将焊件和钎料加热到一定温度，使它们完全熔化，从而达到原子结合的一种连接方式。　　　　　　　　　　　　　　　　　　　　　　　　　　　　（　　）

4. 螺栓连接是一种永固性连接。　　　　　　　　　　　　　　　　　　（　　）

5. 电阻焊是一种常用的压焊方法。　　　　　　　　　　　　　　　　　（　　）

0-3　简答题

1. 焊接的概念是什么？

2. 焊接常见分类方法有哪些？

项目 1 焊接冶金过程的特点与控制

任务 1.1 焊接热源的选用

加热是实现熔焊焊接的必要条件。通过对焊件进行局部加热，使焊接区的金属熔化、冷却后形成牢固的接头，但加热也必将导致焊接区金属成分、组织与性能发生变化，其结果将直接决定焊接质量。上述变化的程度则主要取决于温度变化的情况。因此，为了能主动控制焊接质量，首先就应掌握焊接区温度变化规律，即掌握温度与空间位置和温度与时间的关系。

案例分析：焊接热输入直接决定了焊缝的热输入，从而影响焊缝的冷却速度，进而影响焊缝的组织转变及最终的性能。通过试验得出不同焊接热输入与焊缝金属硬度的关系曲线，如图 1-1 所示。

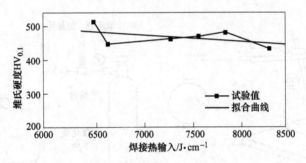

图 1-1 焊接热输入与焊缝金属硬度的关系

由图 1-1 可以看出，随着焊接热输入的增大，焊缝区的硬度近似呈线性降低。并且通过拉伸试验发现：热输入高的试样，其抗拉强度低于热输入低的试样。图 1-1 硬度曲线也可近似反映抗拉强度随焊接热输入的变化情况：随着焊接热输入的增加，抗拉强度降低。不同焊接热输入与冷却时间的关系如图 1-2 所示。

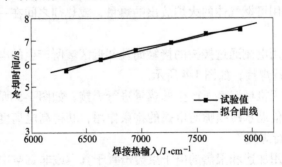

图 1-2 焊接热输入与冷却时间的关系

从图 1-2 中可以看出，随着焊接热输入的增大，焊缝及熔合线附近的冷却时间延长，也就是说冷却速度变慢。这是由于随着热输入的增大，焊缝被加热的最高温度升高，高温停留时间延长，从而使得冷却速度变慢，淬硬倾向减小，也就使得硬度、抗拉强度均相应降低。

1.1.1　常用焊接热源

焊接方法的发展依赖于能源的开发。近年来，为了提高焊接质量及生产效率，焊接热源得到不断地更新和发展。本世纪以来，几乎每隔几年就有一种新焊接热源得到应用。新热源促进了焊接技术朝高效率、高质量、低成本、低劳动强度、低能耗的方向不断进步。

熔焊时要对焊件进行局部加热。由于金属的导热能力高，加热时热量必然会向金属内部流失。为了保证焊接区的金属能够迅速达到熔化状态，并防止加热区过宽，要求焊接热源具备温度高且热量集中的特点，即热源的温度应明显高于被焊金属的熔点，且加热范围小。

生产中常用的焊接热源有以下几种：

（1）电弧热。利用熔化或不熔化的电极与焊件之间的电弧所产生的热量进行焊接，如图 1-3 所示。常见的电弧热的焊接方法有：焊条电弧焊、CO_2 气体保护焊、氩弧焊、埋弧焊等。

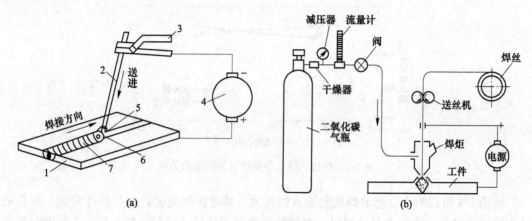

图 1-3　电弧热焊接

（a）焊条电弧焊；（b）CO_2 气体保护焊

（2）化学热。利用可燃气体的火焰放出的热量，或热剂之间在一定温度下进行反应所产生的热量进行焊接。

（3）电阻热。利用电流通过接头的接触面及邻近区域所产生的电阻热，或电流通过熔渣所产生的电阻热进行焊接，如图 1-4 所示。

（4）摩擦热。利用机械摩擦所产生的热量进行焊接，如图 1-5 所示。

（5）等离子弧。借助水冷喷嘴对电弧的拘束作用，获得高电离度和高能量密度的等离子弧所产生的热量进行焊接。

（6）电子束。利用加速和聚焦的电子束轰击置于真空或非真空中的焊件表面，使动能转变为热能而进行焊接，如图 1-6 所示。

图 1-4 电阻热焊接

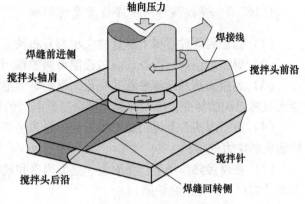

图 1-5 摩擦热焊接

（7）激光束。以经过聚焦的激光束轰击焊件时所产生的热量进行焊接。

（8）高频感应热。对于有磁性的金属，将高频感应产生的二次电流作为热源，在局部集中加热进行焊接，如图 1-7 所示。

上述热源中，用于熔焊的有电弧热、化学热、电阻热、等离子弧、电子束、激光束等。其中以电弧热、等离子弧应用最广。随着科技的进步，现有的热源不断完善，同时还将开发出新的热源，如微波热、太阳能等新型热源。

图 1-6 电子束

图 1-7 高频感应加热

1.1.2 焊接热源的主要特征

热源的性能不仅影响焊接质量，而且对焊接生产效率有着决定性的作用。先进的焊接技术要求热源能够进行高速焊接，并能获得致密的焊缝和最小的加热范围。

1.1.2.1 焊接热作用的特点

（1）加热面积小。即在保证热源稳定的条件下加热的面积尽可能小。

（2）功率密度大。在功率相同时，热源加热面积越小，则功率密度越高，表明热源的集中性越好。

（3）加热温度高。温度越高，则加热速度越高，因而可用来焊接高熔点金属，具有更宽的应用范围。

1.1.2.2　焊接热作用对焊接质量的影响

（1）施加到焊件金属上热量的大小与分布状态决定了熔池的形状与尺寸；

（2）焊接熔池进行冶金反应的程度与热的作用及熔池存在时间的长短有密切关系；

（3）焊接加热和冷却参数的变化，影响熔池金属的结晶、相变过程，并影响热影响区金属显微组织的转变，因而焊缝和焊接热影响区的组织与性能也都与热作用有关；

（4）由于焊接各部位经受不均匀的加热和冷却，从而造成不均匀的应力状态，产生不同程度的应力变形；

（5）在焊接热作用下，受冶金、应力因素和被焊金属组织的共同影响，可能产生各种形态的裂纹及其他冶金缺陷；

（6）焊接输入热量及其效率决定母材和焊条（焊丝）的熔化速度，因而影响焊接生产率。

1.1.3　焊接过程的热效率和热输入

1.1.3.1　焊接热效率

热效率就是焊接热源热量的利用率。焊接时，热源所产生的热量并不能全部得到利用，而是有一部分损失于向周围介质的散失及飞溅中。通常把母材和填充金属吸收的热量（包括熔化及向内部传导的热量）称为热源的有效热功率。电弧输出功率：

$$P_0 = UI$$

电弧的有效热功率 P 是 P_0 的一部分，二者的比值为 η'（表 1-1），即

$$P = \eta' P_0$$

表 1-1　不同焊接方法的热效率

焊接方法	碳弧焊	焊条电弧焊	埋弧焊	钨极氩弧焊		熔化极氩弧焊	
				直流	交流	钢	铝
η'	0.5~0.65	0.74~0.87	0.77~0.90	0.78~0.85	0.68~0.85	0.66~0.69	0.70~0.85

1.1.3.2　焊接热输入

熔化焊接时，由焊接热源输入给单位长度焊缝上的热能称为焊接热输入。焊接热输入用符号 E 表示，计算公式为：

$$E = \frac{q}{v} = \frac{U_h I_h}{v\eta}$$

式中　E——热输入，J/cm；

q——有效功率，W；

η——焊接热效率；

U_h——电弧电压，V；

I_h——焊接电流，A；

v——焊接速度，cm/s。

　　焊接热输入是焊接中的一个重要工艺参数。焊接热输入一般通过试验来确定，允许的热输入范围越大，越便于焊接操作。

1.1.4 焊接热能的传递

　　热能传递的基本方式有热传导、对流和辐射三种。

　　热传导是指物体内部或直接接触的物体间的传热现象。热传导一般发生于固体内部。在金属内部，传导是热交换的唯一形式。

　　对流是指由运动的质点来传递热能的方式，它是利用不同温度区域质点的密度不同来进行的。热对流通常发生于流体内部。

　　辐射是指受物体表面直接向外界发射电磁波来传递热能的方式。热辐射过程中能量的转化形式是热能—辐射能—热能。

　　在焊接过程中，上述三种热传递方式都是存在的。热量从热源传递到焊件主要是以辐射和对流为主，而母材、焊条和焊丝在获得热能后在其内部的传递，则以热传导为主。

任务 1.2　焊接热循环

　　焊接热循环讨论的对象是焊件上某一点的温度与时间的关系。这一关系决定了该点的加热速度、保温时间和冷却速度，对接头的组织与性能都有明显影响。

1.2.1 焊接热循环的基本概念及特点

1.2.1.1 焊接热循环概念

　　在焊接热源作用下，焊件上某点的温度随时间的变化，叫焊接热循环。焊接热循环是针对焊件上某个具体的点而言的，当热源向该点靠近时，该点的温度随之升高，直至达到最大值，随着热源的离开，温度又逐渐降低至室温，该过程可用一条曲线来表示，即热循环曲线，如图 1-8 所示。

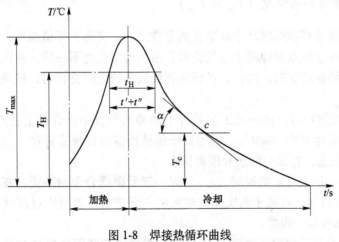

图 1-8　焊接热循环曲线

T_c—c 点瞬时温度；T_H—相变温度

1.2.1.2　热循环特点

（1）加热温度高。一般热处理情况下，加热温度略高于 A_{c3}，而在焊接时，近缝区熔合线附近温度可接近金属的熔点，对于低碳钢和低合金钢来说，一般都在 1350℃左右。

（2）加热速度快。焊接时由于采用的热源集中，故加热的速度比热处理要快得多，往往超过几十倍，甚至几百倍。

（3）高温停留时间短。焊接时由于热循环的特点，在 A_{c3} 以上保温的时间很短，一般焊条电弧保温时间为 4~20s，埋弧焊为 30~100s。而在热处理时，可以根据需要任意控制保温时间。

（4）自然条件下连续冷却。在热处理时，可以根据需要来控制冷却速度或在冷却过程中的不同阶段进行保温。而在焊接时，一般都是在自然条件下连续冷却，个别情况下才进行焊后保温或焊后热处理。

（5）局部加热。热处理时，工件大都是在炉中整体加热，而焊接时，只是局部加热，并且随热源的移动，被加热的区域也随之移动。

1.2.2　焊接热循环的主要参数

1.2.2.1　加热速度 （v_H）

不同方法的加热速度如表 1-2 所示。

表 1-2　不同焊接方法时相变温度附近的加热速度

焊接方法	板厚 δ/mm	v_H/ ℃·s^{-1}
焊条电弧焊和 TIG 焊	1~5	200~1000
单层埋弧焊	10~25	60~200
电渣焊	50~200	3~20

1.2.2.2　最高加热温度 （T_{max} 或 t_{max}）

最高加热温度是焊接热循环中最重要的参数之一，又称为峰值温度。焊接时，焊件上各点峰值温度取决于该点至焊缝中心的距离，组织的变化也不一样，这就会对金属冷却的组织与性能产生明显的影响。因此，在研究焊接接头的组织变化时，按最高加热温度划分区域。

图 1-9 所示为熔焊时，在一定工艺条件下测得的低合金钢焊件上各点的热循环曲线。其中焊缝的 T_{max} 可达 600~1400℃，远远高于钢铁冶炼时的最高温度。紧邻焊缝的母材的 T_{max} 也在 1300℃以上，也比一般热处理高得多。

（1）相变温度以上停留的时间 （t_H）。对一般低碳低合金钢来说，在略高于相变温度 Ac_3 以上保温一定时间，有利于奥氏体化过程的充分进行；但温度过高（超过 Ac_3 300℃以上），则将发生晶粒长大现象。

（2）在指定温度下的冷却速度 （v_c）。即在相变温度范围内的冷却速度，对一般低碳低合金钢来说，就是在 800~500℃范围内的冷却速度。

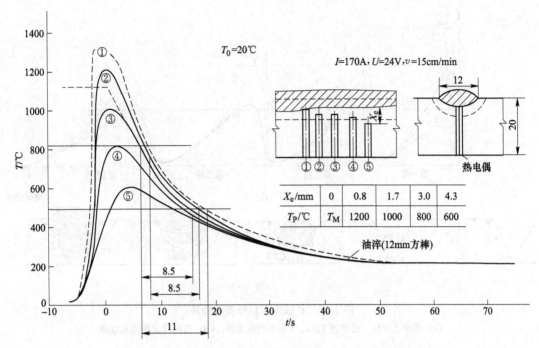

图 1-9　低合金钢焊条电弧焊时焊缝附近各点的焊接热循环

1.2.3　多层焊的焊接热循环

1.2.3.1　长段多层焊的焊接热循环

实际生产中，多层多道焊应用最为普遍。多层焊的热循环实际是由多个单层焊热循环叠加而成，相邻焊缝之间具有预热或后热作用。

按照实际生产中的不同要求，多层焊又可分为"长段多层焊"与"短段多层焊"。

习惯上将每道焊缝的长度在 1m 以上的多层焊称为长段多层焊。前层焊道对后层焊道起预热作用，而后层焊道对前层焊道起后热作用。为了防止最后一层焊道冷却过快而淬硬，可以多加一层焊道——"退火焊道"，热循环如图 1-10 所示。

1.2.3.2　短段多层焊

一般每层焊道长度在 50~400mm 时，称为短段多层焊。前层焊道的温度可保持在 M_s 点以上。短段多层焊的热循环如图 1-11 所示。

短段多层焊适用于焊接过热倾向大而又容易淬硬的金属。但因操作繁琐，生产率很低，只有在特殊情况下才采用。

1.2.4　影响焊接热循环的基本因素及调整焊接热循环的方法

1.2.4.1　影响焊接热循环的因素

（1）焊接线能量与预热温度。焊接线能量大，提高预热温度的效果与之相同。

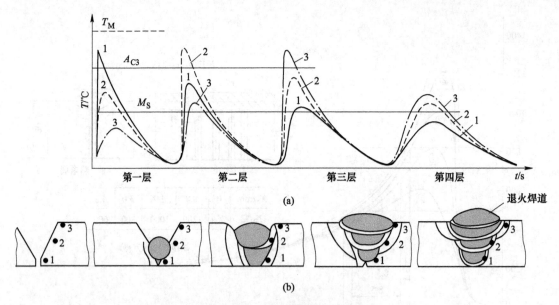

图 1-10　长段多层焊焊接热循环

（a）敷焊各层时，近缝区 1, 2, 3 各点的热循环；（b）各层焊缝断面示意图

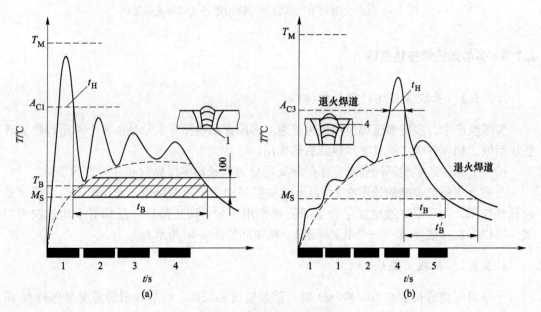

图 1-11　短段多层焊热循环

（a）1 点的热循环；（b）4 点的热循环

（2）焊接方法。不同焊接方法的线能量不同，热循环参数也不同。当热输入量相同时，不同的电流与焊速匹配，所形成的焊缝形状及熔深明显不同，必将对焊件上各点所经历的热循环产生影响。

（3）焊件尺寸。板宽和板厚影响焊接热循环，可以认为，板宽增加到一定限度后，继续增加板宽对金属内部导热不产生影响，此时冷却速度（时间）仅与板厚有关。

（4）接头形式。同样板厚的 T 形接头或角接接头的冷却速度是对接接头的 1.5 倍。坡口相同，板厚增加时，冷却速度随之增大。

（5）焊道长度。焊道越短，冷却速度越高。

1.2.4.2　调整焊接热循环的方法

根据影响焊接热循环的因素，在产品一定时，可以通过某些工艺措施来调整焊接热循环，从而达到改善接头的组织与性能的目的。工艺措施的应用，必须充分考虑被焊金属的化学成分、物理性能及热处理状态等因素，可以从以下几方面入手：

（1）根据被焊金属的成分和性能选择适用的焊接方法；

（2）合理选用焊接参数；

（3）采用预热、焊后保温或缓冷等措施降低冷却速度；

（4）调整多层焊的层数或旱道长度，控制层间温度。

此外，生产中也可通过调整焊道长度来调整焊接热循环。

任务 1.3　焊缝形成过程中的保护

1.3.1　焊条、焊丝的加热与熔化

电弧焊时焊条、焊丝是电弧放电的电极之一，加热熔化进入熔池，与熔化的母材混合而构成焊缝。焊条、焊丝的加热与熔化的热量有电弧传给焊条、焊丝的电弧热、电流通过焊条焊芯产生的电阻热、化学冶金反应产生的反应热。一般化学反应热仅占 1%~3%，可忽略不计。需要注意，非熔化极电弧焊无焊条、焊丝的电阻热。

1.3.1.1　电阻加热

当电流通过焊条或焊丝时，将产生电阻热。电阻热的大小取决于焊条或焊丝的伸出长度、电流强度、焊条或焊丝金属的电阻率和直径。焊条或焊丝伸出长度越大、焊接电流越大、焊条或焊丝金属本身的电阻率越大，产生的电阻热越高，如不锈钢焊条的电阻率比低碳钢焊条大，因此在相同焊接电流的情况下，不锈钢焊条所产生的电阻热也大；同种材料的焊条或焊丝，其直径越大，则电阻越小，相对产生的电阻热也就减小。

焊接电流通过焊条产生的电阻热 Q_R（单位为 J）为：

$$Q_R = I^2 R t$$

式中　I——焊接电流，A；

　　　R——焊芯的电阻，Ω；

　　　t——电弧燃烧时间，s。

从焊钳夹持点到焊条端部之间的焊芯上热量均匀分布是电阻加热的特点。当电流密度不大和加热时间不长时，电阻热对焊条加热的影响可以不考虑。当焊接电流很大，焊条过长时，由于电阻热增大，使焊芯和药皮温升过高，将引起以下的不良后果：

（1）熔化激烈引起飞溅；

（2）药皮开裂以及过早脱落，电弧燃烧不稳定；

（3）焊缝成型不良，甚至产生气孔等缺陷；

（4）药皮过早进行化学反应，丧失冶金效应及保护作用；

（5）焊条发红变软，操作困难。

由试验表明：

（1）在其他条件相同时，电流密度越大，焊芯的温升越高。因此，调节焊接电流密度是控制焊条加热温度的有效措施；

（2）在电流密度相同的条件下，焊芯电阻越大，其温升越高，故电阻较大的不锈钢芯焊条应比碳钢焊条短，相同直径的焊条选用的电流也要低些；

（3）在相同的条件下，焊条的熔化速度越高，由于被加热的时间缩短，则其温升越低；

（4）随药皮厚度增加，药皮表面与焊芯的温差增大，加大了药皮开裂倾向。

因此，为了保证焊接过程的正常进行，焊条电弧焊时，必须对焊接电流与焊条长度加以限制。

1.3.1.2　电弧加热

电弧焊时，电弧产生的热量仅有一小部分用来加热熔化焊条或焊丝，如焊条电弧焊，这部分热量仅占电弧总热量的 25% 左右，而大部分热量被用来熔化母材、药皮或焊剂，还有相当一部分热量消耗在辐射、飞溅和母材传热上。

尽管电弧热只有一小部分用来熔化焊条或焊丝，但它却是熔化焊条、焊丝的主要热量，焊条、焊丝本身的电阻热仅起辅助作用。

图 1-12 是焊接时焊条轴向上的温度分布，其中焊条类型为不锈钢焊条，$\phi = 5\text{mm}$，焊接电流 $I = 190\text{A}$，焊接电压 $U = 25\text{V}$。图 1-13 是焊接时焊条横截面上的温度分布。由图可见，电弧对焊条加热的特点是热量非常集中，沿焊条轴向和径向的温度范围都非常窄，电弧热量集中在距焊条端部 10mm 内，焊条径向温度也下降很快，药皮表面的温度比焊芯温度要低得多。

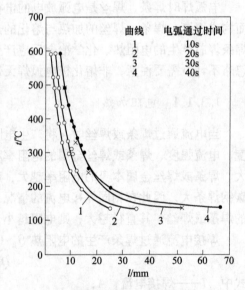

图 1-12　焊接时沿焊条轴向
（药皮表面）上的温度分布

1.3.1.3　焊条金属的熔化速度

焊条金属的熔化速度是焊接生产率高低的主要表征。焊条金属的平均熔化速度可用单位时间内焊芯熔化的长度或质量来表示：

$$v_{\text{m}} = \frac{m}{t} = a_{\text{P}}I$$

式中　m——熔化的焊芯质量，g；

　　　t——电弧燃烧的时间，h；

　　　a_{P}——焊条的熔化系数，g/（h·A），按下式计算：

$$a_P = \frac{m}{It}$$

a_P 的物理意义是：熔焊过程中，单位电流、单位时间内焊芯（或焊丝）的熔化量。

在焊接时，熔化的焊芯（或焊丝）金属并不是全部进入熔池形成焊缝，而是有一部分损失。通常把单位电流、单位时间内焊芯（或焊丝）熔敷在焊件上的金属量称为熔敷系数（a_H）：

$$a_H = \frac{m_H}{It}$$

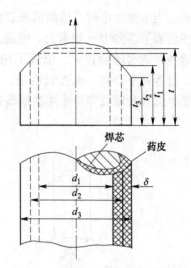

图 1-13 在焊条横截面上的温度分布
t—焊芯平均温度；t_1—药皮内表面温度；
t_2—药皮平均温度；t_3—药皮外表面温度；
δ—药皮厚度

式中 m_H——熔敷到焊缝中的金属质量，g。

由于金属蒸发、氧化和飞溅，焊芯（或焊丝）在熔敷过程中的损失量与熔化的焊芯（或焊丝）原有质量的百分比叫做飞溅率（Ψ）：

$$\Psi = 1 - a_H/a_P$$

$$a_H = (1 - \Psi)a_P$$

可见，熔化系数并不能确切地反映对焊条金属的利用率和生产率的高低，而真正反映对焊条金属利用率及生产率的指标是熔敷系数。

1.3.1.4 焊条金属的过渡特征

焊条金属或焊丝熔化后，虽然加热温度超过金属的沸点，但其中只有一小部分（10%以下）的蒸发损失，而 90%~95% 是以滴状过渡到熔池中。

随着选用焊接参数的不同，熔滴过渡形式、熔滴质量、过渡频率等过渡特性将随之变化，为此将对焊接过程产生以下的影响：

（1）熔滴过渡的速度和熔滴尺寸影响焊接过程的稳定性、飞溅程度以及焊缝成形的好坏；

（2）熔滴的尺寸大小和长大的情况决定了熔滴反应的作用时间和比表面积，从而决定了熔滴反应速度和完全程度；

（3）熔滴过渡的形式与频率直接影响焊接生产率；

（4）熔滴过渡的特性对焊接热输入有一定的影响，改变熔滴过渡的特性可以在一定程度上调节焊接热输入，从而改变焊缝结晶过程和热影响区的尺寸及性能。

研究熔滴过渡规律及控制方法对创造新型焊接方法和电源都有很重要的意义，因此，在各种熔焊工艺的研究中，都要讨论熔滴的过渡特性。

（1）熔滴过渡的主要参数。熔滴过渡的主要参数有过渡的熔滴质量、熔滴过渡的频率、熔滴过渡的周期、熔滴的比表面积（熔滴的表面积与其体积之比）等。这些参数对熔滴与其周围介质相互作用的时间和冶金反应完全程度有着十分重要影响。

（2）熔滴过渡的形式。

1）滴状过渡。滴状过渡有粗滴过渡和细滴过渡两种。

熔滴呈粗大颗粒状向熔池自由过渡的形式称为粗滴过渡，也称颗粒过渡，如图 1-14

所示。当电流较小时，熔滴依靠表面张力的作用可以保持在焊条或焊丝端部自由长大，直至使熔滴下落的力（如重力、电磁力等）大于表面张力时，溶滴才脱离焊条或焊丝端部落入熔池，此时熔滴较大，电弧不稳，呈粗滴过渡，通常不采用。随着电流增大，熔滴变细，过程频率提高，电弧较稳定，飞溅减小，呈细滴过渡，如图 1-15 所示。滴状过渡是焊条电弧焊和埋弧焊所采用的熔滴过渡形式。

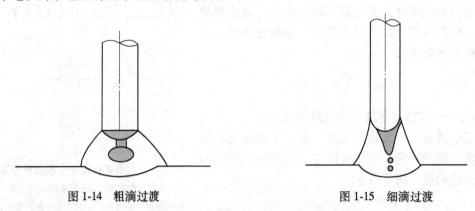

图 1-14　粗滴过渡　　　　　　　　　图 1-15　细滴过渡

2）短路过渡。焊条（或焊丝）端部的熔滴与熔池短路接触，由于强烈过热和磁收缩作用使其爆断，直接向熔池过渡的形式成为短路过渡，熔滴的短路过渡形式如图 1-16 所示。

短路过渡能在小电流、低电弧电压下，实现稳定的熔滴过渡和稳定的焊接过程。短路过渡适合薄板或低热输入的焊接。二氧化碳气体保护焊采用最典型的过渡形式就是短路过渡焊。

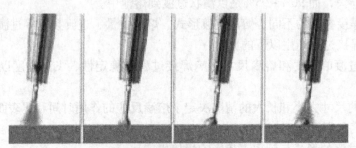

图 1-16　短路过渡

3）喷射过渡。熔滴呈细小颗粒并以喷射状态快速通过电弧空间向熔池过渡的形式成为喷射过渡。焊接时，熔滴的尺寸随着焊接电流的增大而减小，当焊接电流增大到一定数值后，即产生喷射过渡。喷射过渡分为射流过渡和亚射流过渡，如图 1-17 所示。熔滴以细小的颗粒、高的速度、高的过渡频率从焊条套筒内喷出。过渡过程稳定，飞溅小，熔深大，焊缝成型美观。喷射过渡是熔化极氩弧焊、富氩混合气体保护焊所采用的熔滴过渡形式。

4）渣壁过渡。渣壁过渡是指熔滴沿着熔渣壁流入熔池的一种过渡形式，只出现在埋弧焊和焊条电弧焊中。

5）爆炸过渡。熔滴在形成或过渡过程中，由于激烈的冶金反应，其内部产生气体，

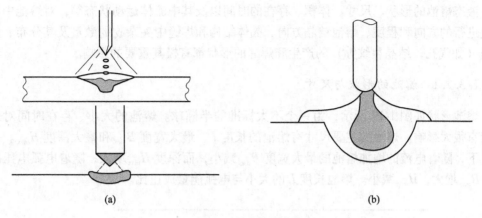

图 1-17 喷射过渡

（a）喷射过渡；（b）亚射流过渡

气体急剧膨胀导致大颗粒熔滴爆炸粉碎，很少使用。

1.3.1.5 药皮的熔化与过渡

药皮的温度、熔化及过渡特点对焊接化学冶金反应有极其重要的影响。前面已经介绍了药皮表面的温度及其沿焊条长度的分布。这里仅就药皮的熔化及过渡加以讨论。

一般情况下，药皮的导热性比焊芯小得多，再加上药皮表面的散热作用，造成焊条端部横断面上的温度分布很不均匀，由焊芯内至药皮外表面，温度逐渐降低（如图 1-13 所示）。这说明在焊条端面药皮的熔化是不均匀的，因而形成了所谓的套筒（如图 1-18 所示）。药皮的熔点越高，厚度越大，套筒越长。增大套筒长度，可以增大电弧吹力，使熔深增大，熔滴变细，气流对熔滴的保护作用也得到加强。但套筒过长，将使电弧电压过高，药皮成块脱落，焊接过程的稳定性遭到破坏。

图 1-18 药皮形成套筒

药皮熔化后也向熔池过渡。由 X 射线高速摄影证明，所形成的熔渣有两种过渡形式：一是以薄膜的形式包在金属熔滴的外面和被夹在熔滴内，与熔滴一起落入熔池；二是熔渣直接从焊条端部以滴状落入熔池。在第一种情况下，熔滴与熔渣能很好地接触，二者之间冶金反应可得到充分进行。第二种过渡形式只有药皮厚度大时才会出现。在这种情况下，直接流入熔池的那一部分熔渣没有与熔滴接触，因而二者之间不可能进行冶金反应，它只能与熔池金属发生冶金反应。

1.3.2 母材的熔化与熔池

熔焊时，在焊接热源作用下，在焊条或焊丝金属熔化的同时，被焊金属（母材）也发生局部的加热熔化。母材上熔化的焊条或焊丝金属与母材金属所组成的具有一定几何形状的液体金属部分叫做熔池。焊接时，若不加填充材料，则熔池仅由熔化的母材组成。焊接时，熔池随热源的向前移动而做同步运动。

　　液态熔池的形状、尺寸、体积、存在的时间以及其中流体运动状态等，对熔池中冶金反应进行的方向和程度、熔池结晶方向、晶体结构和焊缝中夹杂物的数量及其分布、焊接缺陷（如气孔，结晶裂纹等）的产生和焊缝的形状都有极其重要的影响。

1.3.2.1　熔池的形状与尺寸

　　熔池形状如图1-19所示，为一个不太标准的半椭球。熔池的大小、存在时间对焊缝性能有很大影响。熔池的主要尺寸有熔池的长度L、最大宽度B_{max}和最大深度H_{max}。一般情况下，随着电流的增加熔池的最大宽度B_{max}减小，而深度H_{max}增大；随着电弧电压的增加，B_{max}增大，H_{max}减小。熔池长度L的大小与电弧能量成正比。

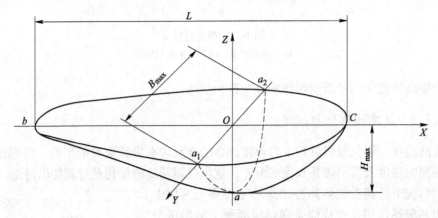

图1-19　焊接熔池的形状

1.3.2.2　熔池的质量和存在时间

　　电弧焊时，熔池的质量一般在0.6~16g之间变化，大多数情况下在5g以下。埋弧焊焊接低碳钢时，即使焊接电流很大，熔池的质量也不超过100g。

　　熔池在液态存在的最长时间t_{max}取决于熔池的长度L和焊接速度v，其关系为：

$$t_{max} = L/v$$

　　电弧焊时，t_{max}在几秒到几十秒之间变化。焊缝轴线上各点在液态停留的时间最长，离轴线越远，停留的时间越短。

1.3.2.3　熔池的温度

　　从理论上精确计算熔池的温度很困难，熔池内的温度分布是不均匀的。在熔池的头部，输入的热量大于散失的热量，所以随着热源的移动，母材不断熔化。熔池的最高温度位于电弧下面的熔池表面。在熔池尾部，输入的热量小于散失的热量，所以不断发生金属的结晶。常用焊接方法的熔池平均温度见表1-3。

　　在研究冶金反应时，为了使问题简化，一般可取熔池的平均温度。熔池的平均温度，取决于被焊金属的熔点T_M与焊接方法。虽然有些学者对焊接工艺参数对熔池温度的影响进行了试验和探讨，但目前尚未得出一致结论，有待进行进一步的研究。

表 1-3 常用焊接方法的熔池平均温度

被焊金属	焊接方法	平均温度/℃	过热温度/℃
低碳钢 $T_M = 1535℃$	埋弧焊	1705~1860	185~325
	熔化极氩弧焊	1625~1800	100~276
	钨极氩弧焊	1665~1790	140~265
铝 $T_M = 660℃$	熔化极氩弧焊	1000~1245	340~585
	钨极氩弧焊	1075~1215	415~550
Cr12V1 $T_M = 1310℃$	药芯焊丝	1500~1610	190~300

1.3.2.4 熔池金属的流动

焊接熔池中的液体金属不是静止不动的，而是在剧烈地运动着。正是这种运动使得熔池中的热量和液体的传输过程得以进行。而热量与液体的传输过程，又对熔池的形状、结晶，气体和夹杂物的吸收、聚集和逸出，化学成分的均匀性以及化学反应的平衡有很大的影响。使熔池液态金属发生运动的主要原因如下：

（1）液体金属的密度差所产生的自由对流运动。熔池温度分布不均匀，必然使熔池温度分布不均匀，必然使熔池中各处的金属密度产生差别。这种密度差将促使液态金属从低温区向高温区流动。

（2）表面张力所引起的强迫对流运动。熔池金属温度不均匀程度越大，这种对流运动越剧烈。

（3）热源的各种机械力所产生的搅拌运动。焊条电弧焊时，作用在熔池上的力主要有熔滴下落的冲击力、电磁力、气体的吹力、熔池金属蒸发所产生的反作用力等。正是这些力的搅拌运动使熔池金属发生剧烈的冶金反应，对保证焊接质量的稳定性具有重要的意义。

1.3.3 焊缝金属的熔合比

焊条电弧焊时，填充金属与熔化的被焊金属的组成比例决定了焊缝的成分。熔焊时，被熔化的母材在焊缝金属中所占的百分比叫做熔合比，不同接头形式焊缝横截面上的熔透情况如图 1-20 所示。计算公式如下：

$$\theta = \frac{A_m}{A_H + A_m}$$

式中 θ——熔合比；

A_m——焊缝截面中母材金属所占的面积；

A_H——焊缝截面中焊条金属所占的面积。

熔合比取决于母材的熔透情况和焊条的熔化情况。二者又与焊接方法、焊接参数、接头尺寸形状、坡口形状、焊道数目以及母材的热物理性质都有关系。

1.3.3.1 影响熔合比的因素

影响熔合比的因素很多，主要有焊接方法、焊接参数、接头形式、坡口形式、焊道数

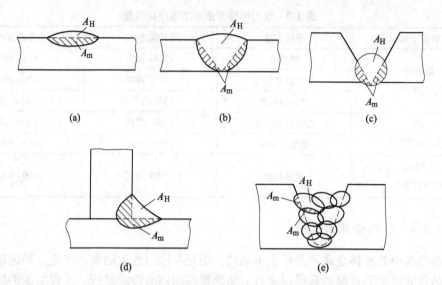

图 1-20　不同接头形式焊缝在横截面上的熔透情况

目以及母材热物理性质等。焊接低碳钢时，焊接方法与接头形式对熔合比的影响如表 1-4 所示。图 1-21 所示为接头形式与焊道层数对熔合比的影响，从图中可以看出，三种情况的第一道焊缝熔合比都很大，随着所焊层数增加，熔合比逐渐下降；坡口形式不同，熔合比下降趋势不同，其中，表面堆焊时熔合比下降最快，自第五层以后只考虑堆焊金属的成分即可。此外，在对接焊缝中，随着坡口角度的增大，熔合比则减小。

表 1-4　焊接方法与接头形式对熔合比的影响

焊接方法	焊条电弧焊								埋弧焊
接头形式	I 形坡口对接		V 形坡口			角接或搭接		堆焊	对接
板厚/mm	2~14	10	4	6	10~20	2~4	5~20	—	10~30
熔合比 θ	0.4~0.5	0.5~0.6	0.25~05	0.2~0.4	0.2~0.4	0.3~0.4	0.2~0.3	0.1~0.4	0.45~0.75

　　母材的热物理性质对熔合比影响也很大。热导率小的材料，在同样的焊接条件下比热导率大的材料的熔合比要大一些。例如，奥氏体钢的熔合比比铁素体-珠光体钢大 20%~30%。

　　当焊缝金属中的合金元素主要来自于焊芯或焊丝（如合金堆焊）时，局部熔化的母材将对焊缝成分起到稀释作用，因此熔合比又称为稀释率。

1.3.3.2　熔合比对焊缝金属成分的影响

　　一般情况下，焊缝金属是由填充金属与局部熔化的母材组成的。当焊缝金属的熔合比变化时，其焊缝金属的成分必然随之改变。假设焊接时合金元素没有任何损失，则这时焊缝金属中的合金元素 B 的含量与熔合比的关系为：

$$W_B = \theta W'_B + (1 - \theta) W'_B$$

式中　W_B——元素 B 在焊缝中的质量分数；

　　　　W'_B——元素 B 在母材中的质量分数；

W'_B——元素 B 在焊条中的质量分数；

θ——熔合比。

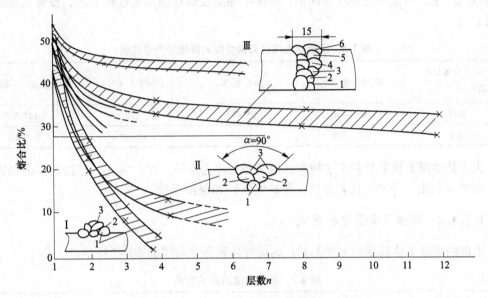

图 1-21　接头形式与焊道层数对熔合比的影响
I—表面堆焊；II—V 形坡口对接；III—U 形坡口对接

1.3.4　焊接时的焊缝金属保护

1.3.4.1　焊接区金属保护的必要性

一般焊接过程的保护不如金属冶金过程。金属熔炼加工过程，是在特定的炉中进行的，而焊接化学冶金过程是金属在焊接条件下再熔炼的过程。因此，焊接中必然会有较多的氧、氮从空气中侵入焊接区，使焊缝金属中氧、氮增加，有益合金元素烧损，严重影响焊缝金属力学性能。

表 1-5、表 1-6 是不同焊条焊接时低碳钢焊缝金属化学成分的变化和低碳钢光焊丝无保护焊时焊缝力学性能数据。从中可以看出，用光焊丝时，由于熔化金属和它周围的空气激烈的相互作用，使焊缝金属中氧和氮的含量显著增加，而锰、碳等有益金属因蒸发和烧

表 1-5　不同焊条焊接时低碳钢焊缝金属化学成分的变化

分析对象		化学成分/%					
		C	Si	Mn	N	O	H
焊芯		0.13	0.07	0.66	0.005	0.021	0.0001
低碳钢母材		0.20	0.18	0.44	0.004	0.003	0.0005
焊缝金属	光焊丝	0.03	0.02	0.20	0.14	0.21	0.0002
	酸性焊条	0.06	0.07	0.36	0.013	0.099	0.0009
	碱性焊条	0.07	0.23	0.43	0.026	0.051	0.0005

损而大大减少，力学性能特别是焊缝金属的塑性和韧性急剧下降。同时，采用无药皮的光焊丝在空气中焊接还会发生电弧不稳定，飞溅大等现象，操作十分困难，焊缝成形差，并伴有气孔产生，因此用光焊丝无保护，焊接不能满足焊接结构的性能要求，没有实际应用价值。

表 1-6　低碳钢光焊丝无保护焊时焊缝的力学性能

性能指标 部位	抗拉强度/MPa	伸长率/%	冷弯角/(°)	冲击韧度/J·cm^{-2}
母材	390~440	25~30	180	>147.0
焊缝	324~390	5~10	20~40	4.9~24.5

大多数熔焊方法都是基于这种考虑发展和完善起来的。迄今为止，已找到许多保护材料（如焊条药皮、焊剂、药芯焊丝、保护气体）和保护手段。

1.3.4.2　焊接区金属保护方式

不同的焊接方法其保护方式不同，熔焊时各种保护方式如表 1-7 所示。

表 1-7　熔焊方法的保护方式

保护方式	焊接方法
熔渣保护	埋弧焊、电渣焊、不含造气物质的焊条或药芯焊丝焊接
气体保护	在惰性气体或其他气体（如 CO_2、混合气体）保护中焊接、气焊
气—渣联合保护	具有造气物质的焊条或药芯焊丝焊接
真空保护	真空电子束焊接
自保护	用含有脱氧、脱氮剂的"自保护"焊丝进行焊接

（1）熔渣保护。埋弧焊是利用焊剂熔化以后形成的熔渣隔离空气保护金属的，焊剂的保护效果取决于焊剂的粒度和结构。多孔性的浮石状焊剂比玻璃状的焊剂具有更大的表面积，吸附的空气更多，因此保护效果差。埋弧焊时，焊缝含氮量一般为 0.002% ~ 0.007%，对金属的保护效果好，优于焊条电弧焊。

（2）气体保护。气体保护电弧焊是用外加气体作为电弧介质并保护电弧和焊接区的电弧方法。气体保护焊时，保护效果取决于保护气的性质、纯度，焊炬的结构，气流的特性等因素。一般来说，这种保护特别是惰性气体（氩、氦等）的保护效果比较好，因此适用于焊接合金钢和化学性质活泼金属及其合金。

（3）气-渣联合保护。焊条药皮和药芯焊丝一般是由造气剂、造渣剂和铁合金等组成的。这些物质在焊接过程中能形成气-渣联合保护。造渣剂熔化以后形成熔渣，覆盖在熔滴和熔池的表面上，将空气隔开，这种隔离作用通常称为机械保护。熔渣凝固以后，在焊缝上面形成渣壳，可以防止处于高温的焊缝金属与空气接触。同时造气剂（主要是有机物、碳酸盐等）受热以后分解，析出大量气体。据计算，熔化 100g 焊芯，焊条可以析出 2500~5080cm^3 的气体。这些气体在药皮套筒内被电弧加热膨胀，从而形成定向气流吹向熔池，将焊接区与空气隔开。用焊条和药芯焊丝焊接时的保护效果，取决于其中保护材料的含量、熔渣的性质和焊接规范等，保护效果一般用焊缝金属中含氮量的多少来衡量。目前，大多数焊条和药芯焊丝均可保证焊缝含氮量小于 0.014%，证明保护是可靠的。

（4）真空保护。在真空度高于 0.01MPa 的真空室内进行电子束焊接，保护效果是最理想的。虽然不能 100% 排除掉空气，但随着真空度的提高，可以把氧和氮的有害作用降至最低。

（5）自保护。自保护焊是利用特制焊丝在空气中进行焊接的一种方法。它不是利用机械隔离空气的办法来保护金属，而是在焊丝中加入脱氧和脱氮剂，故称自保护。由于没有外加的保护介质，自保护焊丝的保护效果较差，焊缝金属塑性和韧性偏低，所以目前生产上很少使用。

1.3.5　焊接熔渣

熔渣是指焊接过程中焊条药皮或焊剂熔化后，在熔池中参与化学反应而形成覆盖于熔池表面的熔融状非金属物质。它是焊接冶金反应的主要参与物质之一，起着十分重要的作用。熔渣在焊接区形成独立的相。

1.3.5.1　熔渣的作用、成分和分类

（1）熔渣在焊接过程中的作用。

1）机械保护作用。焊接时形成的熔渣在熔池的表面上，使液态金属与空气隔离，阻止空气中的氧与氮进入，防止处于高温的熔池金属受到空气的有害作用。

2）改善焊接工艺性能作用。良好的焊接工艺性能是保证焊接化学冶金过程顺利进行的前提。在焊条药皮中加入适当的物质，可使电弧易引燃、燃烧稳定、飞溅减小，使保护良好、脱渣性好、焊缝成形美观等。

3）冶金处理作用。熔渣和液态金属发生的一系列的物理化学反应，对焊缝金属的成分有很大的影响。总之，控制熔渣的成分与性能，可以在大范围内调整和控制焊缝的成分与力学性能。

（2）熔渣的成分与分类。根据成分，可以把焊接熔渣分为三大类：

1）第一类是盐型熔渣。它主要由金属的氟酸盐、氯酸盐和不含氧的化合物构成。它的氧化性极小，所以主要用于焊接活泼易氧化的金属。如：$CaF_2\text{-}NaF$，$CaF_2\text{-}BaCl_2\text{-}NaF$ 等。

2）第二类是盐-氧化物型熔渣。其主要由氟化物和强金属氧化物组成，氧化性比较小，主要用于各种的合金钢焊接。如：$CaF_2\text{-}CaO\text{-}Al_2O_3$，$CaF_2\text{-}CaO\text{-}SiO_2$ 等。

3）第三类是氧化物型熔渣。它主要由各种金属的氧化物组成。其氧化性较大，主要用来焊接低碳钢和低合金钢。如：$FeO\text{-}MnO\text{-}SiO_2$，$CaO\text{-}TiO_2\text{-}SiO_2$ 等。

三类熔渣中，其中，第二、三类应用广泛，第一类熔渣多用于焊接有色金属。

1.3.5.2　熔渣的结构理论

（1）分子理论。分子理论是以对焊渣（凝固后的熔渣）进行相分析和化学成分分析的结果为依据的。

1）熔渣是由自由氧化物及其复合分子组成的。所谓自由氧化物，就是独立存在的氧化物。

2）氧化物及其复合物处于平衡状态。如：$CaO+SiO_2 \Longrightarrow SiO_2 \cdot CaO$ 达到平衡时，平衡

常数为 K，这是放热反应。

3）只有自由氧化物才能渗入，和金属发生反应。

4）可近似地用生成复合物的热效应来衡量氧化物之间的化学亲和力或生产复合盐的稳定性。

（2）离子理论（离子模型）。碱度是表征熔渣碱性强弱的一个量，是熔渣的重要化学性质，它与焊接熔渣冶金性能有着十分密切的关系。

1）氧化物的分类。分为三类：第一类是酸性氧化物；第二类是碱性氧化物；第三类是两性氧化物。

2）熔渣碱度的计算。按照分子理论，熔渣的碱度 B_1 可用于下列计算：

$$B_1 = \frac{\sum 碱性氧化物物质的量}{\sum 酸性氧化物物质的量}$$

或者表示为：

$$B_1 \approx \frac{\sum 碱性氧化物质量分数}{\sum 酸性氧化物质量分数}$$

碱度的倒数为酸度。按碱度值大小，可以把熔渣分为碱性熔渣和酸性熔渣。理论上应以 $B_1 = 1$ 为分界线，即 $B_1 > 1$ 时，熔渣为碱性熔渣，$B_1 < 1$ 时，熔渣为酸性熔渣。根据生产实际经验，$B_1 > 1.3$ 时，熔渣为碱性渣，$B_1 < 1.3$ 时，熔渣为酸性渣。

国际焊接学会推荐采用下式计算熔渣碱度：

$$B_3 = \frac{w(CaO) + w(MgO) + w(K_2O) + w(Na_2O) + 0.4w(MnO + FeO + CF_2)}{w(SiO_2) + 0.3w(TiO_2 + ZrO_2 + Al_2O_3)}$$

式中各氧化物均按质量分数计算，用 B_3 划分酸碱性的标准为：$B_3 > 1.5$ 时，熔渣为碱性熔渣，$B_3 < 1$ 时，熔渣为酸性熔渣，$B_3 = 1 \sim 1.5$ 时，熔渣为中性渣。

1.3.5.3 焊接熔渣的物理性能

（1）熔渣的熔点。熔渣开始熔化的温度就是熔渣的熔点。熔点过高，将使熔渣与液态金属之间的反应不充分，易形成夹渣与气孔，使焊缝成形变差；熔点过低，易使熔渣的覆盖性变坏，焊缝表面粗糙不平，空气易与焊缝金属接触而使有益元素氧化，并使焊条难以实现全位置焊接。所以，一般要求焊接熔渣的熔点比焊缝金属的熔点低 200~450℃。

熔渣的熔点与药皮开始熔化的温度不同，后者称为造渣温度。药皮是由各种原材料混合而成的，而熔渣则是药皮熔化后并经历了一系列化学反应的产物。因此，造渣温度与熔渣熔点数值不同，但又有联系，一般造渣温度比熔渣熔点高 100~200℃。造渣温度的高低不仅影响熔渣熔点的高低，而且对焊接工艺及冶金反应也有直接影响。造渣温度过高，造成药皮套筒过长，电弧不稳定，甚至使药皮呈块状脱落、冶金反应不均，焊缝成分不稳定。造渣温度过低，药皮提前熔化，对保护效果和熔滴过渡都将产生不良影响。一般要求造渣温度比焊芯熔点低 100~250℃。

（2）黏度。黏度是液体的主要物理性质之一，它表示流体抵抗剪切力或内摩擦力大小的性质。熔渣黏度越大，其流动性越差。

在焊接时，熔渣的黏度大小直接影响其机械保护作用和焊接冶金反应进行的程度。熔渣黏度过大，流动性差，阻碍熔渣与液态金属之间的反应充分进行和气体从焊缝金属中排出，容易形成气孔，并使焊缝成形不良；熔渣黏度过小，则流动性过大，使之难以完全覆盖焊缝金属表面，空气易于进入，保护作用丧失，焊缝成形与焊缝金属力学性能变差，而且全位置焊接十分困难。

随温度降低黏度增加缓慢的，因为凝固所需时间长，叫做长渣；而随温度降低黏度迅速增加的，叫做短渣。长渣与短渣的温度-黏度曲线如图 1-22 所示。在进行立焊或仰焊时，为防止熔池金属在重力作用下流失，希望熔渣在较窄的温度范围内凝固，因而应选择短渣焊接；而长渣一般只适用于平焊位置。其中 E4303 和 E5015 焊条熔渣均属于短渣，HJ431 的焊条熔渣为长渣。

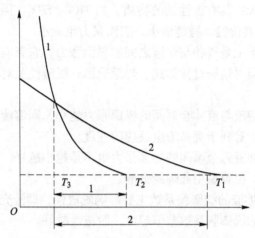

图 1-22　长渣与短渣的温度-黏度曲线
1—短渣；2—长渣

熔渣的黏度与其组成有关。熔渣中 SiO_2 含量增大，黏度增大；而在熔渣中加入萤石（CaF_2）和金红石（TiO_2）可降低熔渣黏度，增加流动性。

（3）密度。密度也是熔渣的基本物理性质之一，它对熔渣从焊缝金属中浮出的速度、形成焊缝夹渣的难易及其覆盖的情况都有直接的影响。所以，熔渣的密度必须低于焊缝金属的密度。熔渣的密度主要取决于各组成物的密度大小及浓度。组成熔渣的各种化合物的密度见表 1-8，而表 1-9 则列出了常用焊条熔渣的密度。

表 1-8　熔渣中各种化合物的密度

化合物	密度/$g \cdot cm^{-3}$	化合物	密度/$g \cdot cm^{-3}$	化合物	密度/$g \cdot cm^{-3}$
Al_2O_3	3.97	MnO	5.40	V_2O_3	4.85
BeO	3.03	Na_2O	2.27	ZrO_2	5.56
CaO	3.32	P_2O_5	2.39	PbO	9.21
CeO_2	7.13	Fe_2O_3	5.2	CaF_2	2.8
Cr_2O_3	5.21	FeO	5.0	FeS	4.6
La_2O_3	6.51	SiO_2	2.32	CaS	2.8
MgO	3.50	TiO_2	4.24		

表 1-9　常用焊条熔渣的密度

温度 \ 药皮类型	铁锰锌	纤维素型	高钛型	低氢型	钛铁矿性
常温	3.9	3.6	3.3	3.1	3.6
1300℃	3.1	2.2	2.2	2.0	3.0

（4）表面张力。表面张力是液体表面所受到的指向液体内部的力，它是由于表面分子与内部分子所处的状态不同而引起的。熔渣的表面张力主要取决于它的结构和温度。原子之间的键能越大，其表面张力也越大。一般具有离子键的物质，如 FeO、MnO 等，因键能较大，其表面张力也较大；具有极性键的物质，如 TiO_2、SiO_2，因键能比较小，其表面张力也较小；而 P_2O_5 属于共价键，键能最小，表面张力也最小。

熔渣的表面张力实际上是气相与熔渣之间的界面张力，它影响熔滴的尺寸和熔渣在熔池表面的覆盖情况，从而对熔滴过渡形式、焊缝成形、脱渣性及对熔滴区与熔池区的冶金反应都有直接影响。

熔渣的表面张力和熔渣与液体金属间的界面张力越小，则熔滴越细，熔渣覆盖的情况越好，增大了相界面积，有利于提高冶金反应的速度。

但是，熔渣与气相和液态金属间的界面张力也不是越小越好。界面张力过小，焊条对全位置的焊接难于实现，也容易引起焊缝夹渣。

（5）线膨胀系数。熔渣的线膨胀系数主要影响脱渣性，即渣壳从焊缝表面脱落的难易程度。熔渣与焊缝金属的线膨胀系数差值越大，脱渣性越好。

1.3.6　焊接化学冶金反应区特点

不同的焊接方法有不同的反应区。最具代表的是焊条电弧焊，它有药皮、熔滴和熔池三个反应区，如图 1-23 所示。熔化极气体保护焊时，只有熔滴反应区和熔池反应区。不填充金属的气焊、钨极氩弧焊和电子束则只有熔池反应区。下面以焊条电弧焊为例加以讨论。

1.3.6.1　药皮反应区

药皮反应区的温度范围是从 100℃ 至药皮的熔点（钢焊条约为 1200℃）。在药皮反应区发生的物理化学反应主要是水分的蒸发、某些物质的分解和铁合金的氧化。

（1）水分蒸发和物质分解。当药皮加热温度超过 100℃ 时，药皮中的吸附水就开始蒸发；温度超过 200℃ 时，药皮中的有机物，如木粉、纤维素和淀粉等开始分解，产生 CO_2、H_2 等气体；温度超过 300℃，药皮中某些组成物，如白泥、白云母中的结晶水开始蒸发；温度继续升高，焊条药皮中的碳酸盐（如菱苦土、大理石等）和高价氧化物（如赤铁矿、锰铁矿等）也将发生分解，产生大量 CO_2、O_2 等气体。

$$CaCO_3 \longrightarrow CaO + CO_2$$

$$MgCO_3 \longrightarrow MgO + CO_2$$

$$2MnO_2 \longrightarrow 2MnO + O_2$$

$$2Fe_2O_3 \longrightarrow 4FeO + O_2$$

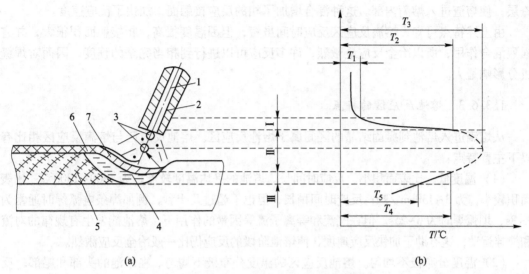

图 1-23　焊接化学冶金反应区的特性

Ⅰ—药皮反应区；Ⅱ—熔滴反应区；　Ⅲ—熔池反应区；T_1—药皮开始反应温度；

T_2—焊条末端熔滴温度；T_3—弧柱间熔滴温度；T_4—熔池最高温度；T_5—熔池凝固温度

1—焊芯；2—药皮；3—熔滴；4—熔池；5—焊缝；6—渣壳；7—熔渣

（2）铁合金氧化。上述反应产生的大量气体，一方面对熔化金属有保护作用，另一方面对被焊金属和药皮中的铁合金（如锰铁、硅铁和钛铁等）有很大的氧化作用。例如：

$$2Mn + O_2 \Longrightarrow 2MnO$$

$$Mn + CO_2 \Longrightarrow MnO + CO$$

$$Mn + H_2O \Longrightarrow MnO + H_2$$

试验表明，温度高于 600℃ 就会发生铁合金的明显氧化，结果使气相的氧化性大大下降。这个过程即所谓的先期脱氧。

药皮反应阶段为整个冶金过程的准备阶段。这一阶段的反应产物为熔滴和熔池阶段提供了反应物，所以它对整个焊接化学冶金过程和焊接质量有一定的影响。

1.3.6.2　熔滴反应区

从熔滴形成、长大到过渡至熔池之前的区间都属于熔滴反应区。从反应区条件看，熔滴反应区有以下特点：

（1）温度高，是焊接区温度最高的部分，达到了金属的沸点，约为 1800℃。

（2）熔滴的比表面积大，约为炼钢时的 1000 倍，因而与气相和熔渣的接触面积大，反应激烈。

（3）作用时间短，熔滴在焊条末端停留时间仅有 0.01~0.1s。熔滴向熔池过渡的速度高达 2.5~10m/s，经过弧柱区的时间极短，只有 0.0001~0.001s。由此可见，熔滴阶段的反应主要是在焊条末端进行的。

（4）液体金属与熔渣发生强烈的混合。熔滴在形成、长大和过渡过程中，它不断地改变自己的形状与尺寸，使其表面局部拉长或收缩。这时总有可能拉断覆盖在熔滴表面上的渣层，使熔渣进入熔滴内部。这种混合增加了相的反应接触面，加快了反应速度。

由上述特点可知，熔滴反应区反应时间虽短，但因温度很高，相接触面积很大，并有强烈混合作用，所以冶金反应最激烈，许多反应可以进行到相当完全的程度，因而对焊缝成分影响最大。

1.3.6.3　熔池反应区的特点

从熔滴进入熔池到凝固结晶的区间属于熔池反应区。熔池反应区与熔滴反应区相比有以下主要特点：

（1）温度低、比表面积小、反应时间长。熔池的平均温度较低，为 1600~1900℃；比表面积较小，为 3~130cm²/kg；反应时间稍长，但也不超过几十秒，例如焊条电弧焊时通常为 3~8s，埋弧焊时为 6~25s。但在气流和等离子流等因素的作用下，熔池能发生有规律的对流和搅拌运动，这有助于加快反应速度，使熔池阶段的反应仍比一般冶金反应激烈。

（2）温度分布极不均匀。熔池反应区的温度分布极不均匀。在熔池的头部和尾部，反应可以同时向相反的方向进行。在熔池的头部发生金属的熔化、气体的吸收，有利于吸热反应进行。在熔池的尾部发生金属的凝固结晶、气体析出，有利于放热反应进行。

（3）熔池中反应速度比熔滴中要小。熔池阶段系统中反应物的浓度与平衡浓度之差比熔滴阶段小，所以在其他条件相同的情况下，熔池阶段的反应速度比熔滴阶段要小。

（4）熔池反应物不断更新。熔池反应区的反应物是不断更新的，新熔化的母材、焊芯和药皮不断进入溶池的头部，凝固的金属和熔渣不断从熔池尾部退出反应区。在焊接参数一定的情况下，这种物质的更替过程可以达到稳定状态，从而得到成分均匀的焊缝金属。

熔池反应区的条件：熔池反应区速度比熔滴区低，且对整个化学冶金过程的贡献也比较小。合金元素在熔池的氧化损失小于熔滴阶段就证明了这点。但在某些条件下（如大厚度药皮），熔池反应也会起到相当大的作用。

 思考题

1-1　填空题

1. 常用焊接热源有＿＿＿＿、＿＿＿＿、＿＿＿＿、＿＿＿＿、＿＿＿＿、＿＿＿＿等。

2. 熔焊时，由焊接热源输入给＿＿＿＿焊缝的热量。焊接热输入增大，最高加热温度＿＿＿＿，相变温度以上停留的时间＿＿＿＿，而冷却速度变慢。

3. 金属溶滴向熔池过渡大致分为＿＿＿＿、＿＿＿＿和＿＿＿＿三种。

4. 母材上由熔化的焊条或焊丝与母材金属所组成的具有一定＿＿＿＿的液体金属称为＿＿＿＿，其形状为一个不标准的＿＿＿＿。

1-2　判断题

1. 熔焊过程中，热能的传递方式有传导、对流和辐射三种。热量从热源传递到焊件主要是以辐射和对流为主。　　　　　　　　　　　　　　　　　　（　　）

2. 在常用焊接方法中，氧-乙炔焰气焊的最小加热面积最大，激光焊的最大功率密度最大。　　　　　　　　　　　　　　　　　　　　　　　　　　　（　　）

3. 电弧焊时，电弧产生的热量全部被用来熔化焊条（焊丝）和母材。　（　　）

4. 焊缝两侧距离相同的各点其焊接热循环是相同的。　（　　）

5. 采用小电流焊接的同时，降低电弧电压，熔滴会出现短路过渡形式。　（　　）

1-3　问答题

1. 简述焊接热作用的特点及对焊接质量的影响。

2. 什么是焊接热循环？焊接热循环有何特点？

3. 影响焊接热循环的因素主要有哪些？调整焊接热循环的主要措施是什么？

4. 什么是熔合比？影响熔合比的因素有哪些？它对焊缝金属有何影响？

项目 2   焊接接头组织与性能控制

任务 2.1   熔池的凝固与焊缝金属的固态相变

案例分析：低碳钢焊缝金属二次结晶结束时，其组织为铁素体加珠光体。由铁碳合金状态图可知，其中铁素体约占 82%，珠光体约占 18% ，焊缝金属的硬度约为 83HBS。但铁碳合金状态图是在材料极缓慢的冷却条件下获得的，实际上焊缝金属二次结晶时的冷却速度相当快，因此组织中的珠光体含量会增加，冷却速度越高，珠光体含量也越多，焊缝的硬度和强度也随之增加，例如，当焊缝金属的冷却速度为 110℃/s 时，其硬度可达 96HBS，这就是为什么当焊缝金属为低碳钢，冷却时尽管并未出现淬火组织，但其硬度仍会增加的原因。

焊接接头由焊缝、熔合区和热影响区三部分组成，熔池金属在经历了一系列化学冶金反应后，随着热源远离温度迅速下降，凝固后成为牢固的焊缝，并在继续冷却中发生固态相变，如图 2-1 所示。熔合区和热影响区在焊接热源的作用下，也将发生不同的组织变化，很多焊接缺陷，如气孔、夹杂物、裂纹等都是在上述这些过程中产生，因此，了解接头组织与性能变化的规律，对于控制焊接质量、防止焊接缺陷有重要的意义。

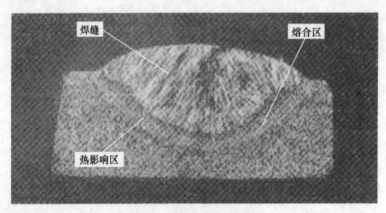

图 2-1   焊接接头的组成

焊缝金属由液态转变为固态的凝固过程称为焊缝金属的一次结晶，如图 2-2 所示。焊接过程的许多缺陷（如气孔、裂纹、夹杂、偏析等）大多是在熔池一次结晶时产生的。

2.1.1   焊接熔池一次结晶的特点

焊接熔池的凝固过程服从于金属结晶的基本规律。宏观上，金属结晶的实际温度总是低于理论结晶温度，即液体金属具有一定的过冷度是凝固的必要条件。微观上，金属的凝固过程是由晶核不断形成和长大这两个基本过程共同构成。此外，这个过程还受到焊接热循环特殊条件的制约。因此，研究焊接熔池凝固过程，必须结合焊接热循环的特点与具体施焊条件。

（1）熔池的体积小。一般电弧焊条件下，熔池体积最大也只有几十立方厘米，质量不超过一百克，而铸锭可达几吨甚至几十吨。

（2）焊接熔池的冷却速度高。熔池中部处于热源中心呈过热状态，一般温度可达2300℃左右；而熔池边缘紧邻未熔化母材的是过冷的液态金属，因此，从熔池中心到边缘存在很大的温度梯度，如熔池边界的温度梯度比铸造时高 1000~10000 倍。

（3）焊接熔池的冷却速度高。由于体积小，温度梯度大，决定了焊接熔池凝固时的冷却速度极高。一般的冷却速度为 4~100℃/s，而铸锭的冷却速度为 $(3~150)×10^{-4}$℃/s，可见熔池的冷却速度是铸锭的冷却速度的 10000 倍左右。

（4）熔池在运动状态下结晶。铸锭是在固定的钢锭模中处于静止状态下进行凝固的，而一般熔焊时，熔池是以等速随热源而运动。在焊接熔池中，金属的熔化和结晶是同时进行的，如图 2-3 所示，熔池前半部分（abc 区域）进行加热与熔化，而后半部分（cda 区域）则是冷却与结晶。

（5）焊接熔池的结晶以熔化母材为基础。在焊接熔池的结晶是在熔化母材的基础上进行的，与熔池形状、尺寸密切相关，并直接取决于焊接工艺。此外，母材形成的壁模与熔池之间不存在空气间隙，因而具有较好的导热条件与形核条件。

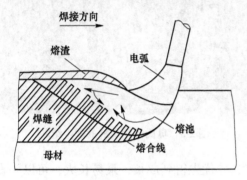

图 2-2　焊缝金属的一次结晶过程

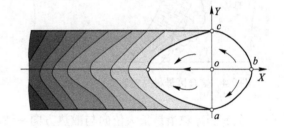

图 2-3　熔池在运动状态结晶

2.1.2　焊接熔池结晶过程

随着温度下降，熔池金属开始了从液态到固态转变的凝固过程，并在继续冷却中发生固态相变。熔池的凝固与焊缝的固态相变决定了焊缝金属的结晶结构、组织与性能，在焊接热源的特殊作用下，大的冷却速度还会使焊缝的化学与组织出现不均匀的现象，并有可能产生焊接缺陷。

焊接熔池的结晶过程服从于金属结晶的基本规律。从金属学可知，过冷是金属结晶的必要条件，金属结晶是由形核和晶核长大这两个基本过程组成的。焊接时的冷却速度很大，容易获得较大的过冷度，所以有利于金属结晶过程的进行。

与铸锭一样，焊接熔池中的晶核也是以非自发形核为主。在焊接的熔池中，由于温度高，可以成为异质晶核（非自发晶核）的难熔质点很少，但是边界母材的半熔化晶粒的尺寸与构造十分符合新相形成的条件，而成为新相形核的现成表面。也就是说，熔池结晶时主要是以半熔化的母材晶粒为晶核并长大，因此，熔池具备了有利的形核条件。

熔池结晶从边界开始，由于焊缝晶粒是母材半熔化晶粒的延伸，半熔化区母材晶粒的尺寸就决定了焊缝柱状晶的尺寸如图 2-4 所示。为了防止因母材过热而导致焊缝的晶粒粗化，在生产中焊接对过热比较敏感的材料时，应通过调整焊接参数等措施来控制近缝区母材的晶粒尺寸。

熔池开始凝固后，晶粒在向熔池中心推进的过程中，由于母材半熔化晶粒的取向不同，每个晶粒向前推进的速度是不同的。对于呈体心或面心点阵的金属来说，只有当晶粒最易长大的位向与散热方向一致时，才最容易长大。因此，这部分晶粒就会优先长大而最终延伸到熔池中心，而那些位向与散热方向不一致的晶粒则长大较慢，最终受到排挤而中断。

总之，焊缝的凝固组织属于铸造组织，凝固时从焊缝边界开始形核，以联生结晶或交互结晶。联生结晶是熔焊的重要特征，钎焊和黏结都不是联生结晶。图 2-5 是未发生固态相变的奥氏体钢一次结晶后的联生情况，可以看出，焊缝与母材具有共同的晶粒，二者在微观上形成整体。

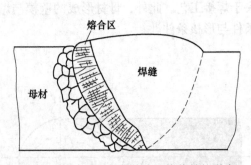

图 2-4　熔合区母材晶粒表面柱状晶的形成

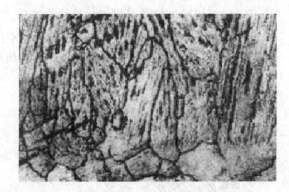

图 2-5　奥氏体钢焊缝的联生结晶

只有当晶粒最易长大位向与散热方向一致时，才优先得到成长，最易长大，可以一直长大到熔池中心，形成粗大的柱状晶。而那些晶粒位向与散热方向不一致时，晶粒的长大就较慢，最终受到排挤而停下来。当柱状晶长大至互相接触时，焊缝金属的一次结晶结束，如图 2-6 所示。由于焊接熔池体积小，冷却速度高，一般电弧焊条件下，焊缝中是没有等轴晶粒的。

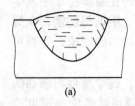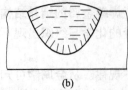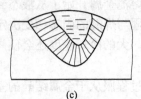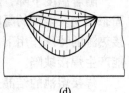

(a)　　　　　　　　(b)　　　　　　　　(c)　　　　　　　　(d)

图 2-6　焊缝一次结晶过程示意图

（a）开始结晶；（b）晶体长大；（c）柱状结晶；（d）结晶结束

2.1.3　焊缝金属的化学不均匀性

在熔池凝固过程中，由于冷速很高，合金元素来不及扩散，而在每个温度下析出的固溶体成分都要偏离平衡图固相线所对应的成分，同时先后凝固的固相成分又来不及扩散均匀。这种偏离平衡条件结晶称为不平衡结晶，在不平衡结晶下得到的焊缝金属，其化学成分是不均匀的，即存在偏析。焊缝中的偏析主要有显微偏析、区域偏析和层状偏析三种形式。

2.1.3.1　显微偏析

根据金属学的知识，合金的凝固过程是在一定的温度范围内进行的。而在连续冷却的过程中，先后凝固的合金成分不同。先从液相中析出的固相中溶质含量较低，后析出的固相则溶质含量较高。在平衡条件下，这种由凝固先后造成的化学成分的差异，可以在缓慢的冷却过程，通过扩散而消除。但在焊接条件下，由于冷速很高而来不及扩散，这种成分的差异将在很大程度上保留在焊缝金属中，这就形成了显微偏析。显微偏析的不均匀程度可用偏析度 K_e 表示：

$$K_e = \frac{[x]_界 + [x]_轴}{[x]_0} \times 100\% \qquad (2\text{-}1)$$

式中　　$[x]_0$——合金中组分 x 在液相中的平均含量；

$[x]_轴$——合金中最先凝固的晶轴上组分 x 的含量；

$[x]_界$——晶界部位组分 x 的含量。

K_e 值越大，表明偏析越严重，硫、磷和碳是最易偏析的元素。

各种元素的偏析度取决于该元素在合金中的分配系数、扩散能力以及实际的扩散条件等因素。合金组成不同，固溶体合金平衡图中固、液相线的斜率也是不同的，即固、液相线之间的展开程度有区别。为了比较不同合金在凝固过程中溶质重新分配程度上的差异，用所谓平衡分配系数 K_0 作为衡量的依据。K_0 的意义是：当达到平衡时，固相成分 C_s 与液相成分 C_L 之比。随合金组成不同，K_0 可大于 1 或小于 1。对 $K_0 < 1$ 的合金来说，K_0 值越小，固、液相线展开的程度越大。对于 $K_0 > 1$ 的合金，情况恰好与上述相反。大多数的钢都是 $K_0 < 1$ 的。

显微偏析与母材的化学成分、晶粒尺寸密切相关。S、P、C 是最容易偏析的元素，并且交互作用往往促进偏析。

在低碳钢中，碳及合金元素的含量都比较低，固液相温度差比较小，显微偏析不明显。但对碳及合金元素含量较高的钢，显微偏析就比较严重，对焊缝质量有一定的影响。

晶粒尺寸对显微偏析也有影响，较细的晶粒由于晶界面积较大，偏析分散，偏析程度减弱。因此，从减小偏析的角度考虑，也希望焊缝金属具有较细的晶粒。

2.1.3.2　区域偏析

在焊缝凝固中，柱状晶前沿向前推进的同时把低熔点物质排挤到焊缝中心，使焊缝中心杂质的浓度明显增大，造成整个焊缝横截面范围内形成明显的成分不均匀性，即区域偏析。由于偏析是在宏观尺寸的范围内形成的，故又称为宏观偏析。杂质的集中使焊缝横截面中出现了低性能的区域，特别是当焊缝成形系数比较小时，焊缝窄而深，如图 2-7（a）所示。杂质集中在焊缝中心，在横向应力作用下就会沿焊缝纵向开裂。而成形系数较大时，焊缝宽而浅，杂质聚集在焊缝上部，如图 2-7（b）所示，区域偏析对焊缝的抗裂能力影响较小。因此，在焊接对焊接裂纹比较敏感的材料时，选择焊接参数时应考虑对成形系数的要求。

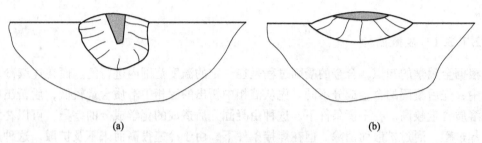

图 2-7　不同成形系数的焊缝区域偏析
(a) 成形系数小；(b) 成形系数大

2.1.3.3　层状偏析

如将焊缝的横截面进行抛光浸蚀，就会看到颜色不同的分层结构，层状线与熔合线轮廓线相似，各层基本平行，但距离不等。焊缝表面经抛光浸蚀也可见到同样的层状线。试验证明，这些分层是成分作周期变化的表现。因溶质浓度不同的区域，对浸蚀剂的反应不同，浸蚀后的颜色就不一样，溶质浓度最高的区域颜色最深，溶质浓度为平均值的区域颜色较浅，较宽的浅淡色区则为溶质贫化区，这种偏析称为层状偏析。如图 2-8 所示。

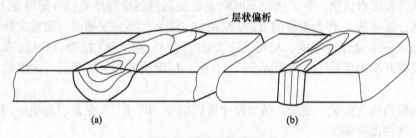

图 2-8　焊缝的层状偏析
(a) 焊条电弧焊；(b) 电子束焊

层状偏析的存在，说明焊缝的凝固速度在做周期性变化，但造成这种变化的原因，目前尚未完全认识清楚。

层状偏析对焊缝质量的影响目前研究的也不够充分，现已发现，层状偏析不仅可能使焊缝金属的力学性能不均匀，有时还会沿层状线产生裂纹或气孔等缺陷。

2.1.4　焊缝金属的固态相变

熔池凝固后得到的组织通常叫做一次组织，对大多数钢来说是高温奥氏体。在凝固后的继续冷却过程中，高温奥氏体还要发生固态相变，又称为二次结晶，得到的组织称为二次组织。焊缝经过固态相变得到的二次组织即为室温组织。二次组织是在一次组织的基础上转变而成，二者承前启后，对焊缝金属的性能都有着决定性的作用。为了全面了解焊缝金属的性能和某些缺陷产生原因，应对焊缝固态相变的规律与二次组织的特点有所了解。

焊缝金属经历了从液态到室温冷却的全过程，其二次组织是在快冷条件下所形成的铸造组织的基础上在连续冷却的条件下形成的。因此，焊缝的最终组织不仅与 γ→α 转变有关，而且与凝固过程有关。焊缝在不平衡条件下得到的一次组织，直接影响继续冷却时过冷奥氏体的分解过程及分解产物，因此，在考虑焊接热循环对焊缝固态相变的影响时，要以 1300~1500℃ 范围内的冷却条件为依据。

焊缝金属固态相变遵循一般钢铁固态相变的基本规律。一般情况下，相变形式取决于焊缝金属的化学成分与连续冷却过程的冷却速度。下面重点介绍低碳钢和低合金钢焊缝的固态相变形式与组织。

2.1.4.1 低碳钢焊缝的固态相变

低碳钢焊缝的二次组织主要是铁素体以及少量的珠光体，这是由碳含量很低所致，一般情况下，铁素体首先沿原奥氏体柱状晶晶界析出，可以勾画出凝固组织的轮廓，当焊缝在高温停留时间较长而冷速又较高时，铁素体也可从奥氏体晶粒内部沿一定方向析出，以长短不一的针状或片状直接插入珠光体晶粒之中，而形成所谓的魏式组织，如图 2-9 所示。而在冷却速度特别大时，低碳钢焊缝中也可能出现马氏体组织。

低碳钢焊缝中铁素体与珠光体的比例随冷却速度而变化。冷速越高，珠光体比例越大，与此同时，组织细化，硬度上升，如表 2-1 所示。

2.1.4.2 低合金钢焊缝的固态相变

低合金钢焊缝固态相变的情况比低碳钢复杂得多，随着母材、焊接材料及工艺条件之不同而变化。固态相变除铁素体与珠光体转变外，还可能出现贝氏体与马氏体转变。

图 2-9 低碳钢焊缝中的魏氏组织

表 2-1　低碳钢焊缝冷速对组织和硬度的影响

冷却速度 /℃·s⁻¹	焊缝组织的体积分数/%		焊缝硬度
	铁素体	珠光体	HV
1	82	18	165
5	79	21	167
10	65	35	185
35	61	39	195
50	40	60	205
110	38	62	228

（1）铁素体转变。低合金钢焊缝中的铁素体转变随转变温度不同而具有不同形态，并对焊缝性能有明显的影响。目前较为公认的有以下四种类型：

1）先共析铁素体（$F_先$）。顾名思义，先共析铁素体因在固态相变时首先沿奥氏体晶界析出而得名，转变温度约为 770~680℃。当高温停留时间较长，冷速较低时，$F_先$ 数量增加。当 $F_先$ 数量较少时，以细条状或不连续网状分于晶界；较多时呈块状。

2）侧板条铁素体（$F_条$）。侧板条铁素体的形成温度低于 $F_先$，约在 700~550℃ 之间。它在奥氏体晶界的 $F_先$ 侧面以板条状向晶内伸长。$F_条$ 的析出抑制了焊缝金属的珠光体转变，因而扩大了贝氏体转变范围。

3）针状铁素体（$F_针$）。$F_针$ 的形成温度更低，约为 500℃。它以针状在原奥氏体晶内分布，$F_针$ 组织具有优良的韧性，冷速越高，$F_针$ 越细，韧性越高。

4）细晶体铁素体（$F_细$）。细晶铁素体在奥氏体晶内形成，通常形成于含有细化晶粒元素的焊缝金属中，其转变温度一般在 500℃ 以下。

（2）珠光体转变。焊接条件下的固态相变属于非平衡相变，一般情况下，低合金钢焊缝中很少会发生珠光体转变，只有在冷却速度很低的情况下，才能得到少量的珠光体。

在不平衡的冷却条件下，随着冷速的提高，珠光体转变温度下降，其层状结构也越来越密。根据组织细密程度之不同，又可分为层状珠光体、粒状珠光体（又称托氏体）和细珠光体（又称索氏体）。

（3）贝氏体转变。当冷却速度较高或过冷奥氏体更稳定时，珠光体转变被抑制而出现贝氏体转变。贝氏体转变发生在 550~M_s 之间，由于温度较低，转变时只有碳原子尚能扩散，铁原子扩散很困难。因此，奥氏体分解就具有高温扩散相变与低温无扩散相变的综合特征。按转变温度之不同，贝氏体又分为上贝氏体（$B_上$）与下贝氏体（$B_下$）。$B_上$ 转变温度在 550~450℃ 之间，显微组织呈羽毛状，系板条状铁素体中间夹有碳化物。$B_下$ 转变温度在 450℃~M_s 之间，显微组织呈针状，针与针之间有一定角度。

不同形态的贝氏体在性能上亦有明显的差别。$B_上$ 的韧性差，而 $B_下$ 的韧性相当好。

（4）马氏体转变。过冷奥氏体保持到 M_s 点以下，就会发生无扩散型的马氏体转变。马氏体实质上是碳在 α-Fe 中的过饱和固溶体，借助于过饱和的碳而强化，按含碳量之不同，又可分为板条马氏体与片状马氏体。板条马氏体的特征是在奥氏体晶粒内部形成细的马氏体板条，条与条之间有一定角度，因其通常出现在低碳低合金钢焊缝中，因而又称为低碳马氏体。低碳马氏体不仅强度较高，而且具有优良的韧性。片状马氏体一般出现于含碳量较高（$w(c) \geq 0.40\%$）的焊缝中，它的特征是马氏体片相互不平行，有些可贯穿整个奥氏体晶粒。片状马氏体又称为高碳马氏体，它的硬度高而且很脆，因此不希望焊缝中出现这种组织。

2.1.5　焊缝组织与性能的改善

焊缝质量是焊接质量的重要指标。优质焊焊缝首先要保证性能满足使用要求，而性能则取决于化学成分与组织形态，为此改善焊缝的性能就应从调整成分和控制组织两方面入手。常用的措施如下：

在液态金属中加入少量合金元素使结晶过程发生明显变化，从而使晶粒细化的方法叫做变质处理。焊接时通过焊接材料（焊条、焊丝或焊剂）在金属熔池中加入少量合金元素，这些元素一部分固溶于基体组织（如铁素体）中起固溶强化作用；另一部分则以难熔质点（大多为碳化物或氮化物）的形式成为结晶核心，增加晶核数量使晶粒细化，从而较大幅度地提高焊缝金属的强度和韧性，有效改善焊缝金属的力学性能。目前常用的元素有 Mo、V、Ti、Nb、B、Zr、Al 及稀土元素。这些元素的效果已为大量实践所证实，并在生产中获得广泛应用，现已研制出一系列的含有微量元素的合金材料。

但由于微量元素在焊缝中作用的规律比较复杂，其中不仅有元素本身的作用，而且还有不同元素之间的相互影响。各种元素在不同合金系统的焊缝中都存在一个对提高韧性的最佳含量，同时多种元素共存时并不是简单的迭加关系。这些问题迄今未有统一的结论和理论上圆满的解释。因此，目前变质剂的最佳含量都是通过反复试验得出的经验数据。此外，变质剂加入的方式与减少其在电弧高温下的烧损等问题，也有待进一步解决。

（1）振动结晶。振动结晶是通过不同途经使熔池产生一定频率的振动，打乱柱状晶的方向并对熔池产生强烈的搅拌作用，从而使晶粒细化并促使气体排出，常用的振动方法有机械振动、超声振动和电磁振动等。

机械振动的频率不超过 100Hz，振幅在 1mm 左右，对钢焊缝来说效果不明显。超声振动可获得 $(10 \sim 20) \times 10^2$ Hz 的振动频率，振幅约为 10^{-4} mm，效果优于机械振动。电磁振动是利用强磁场使熔池产生强烈的搅拌，效果更为显著。

振动结晶虽在实验室研究多年，但因受设备条件的限制，广泛用于生产尚有一定困难。

（2）锤击坡口或焊道表面。锤击坡口表面或多层焊层间金属使表面晶粒破碎，熔池以被打碎的晶粒为基面形核、长大，而获得较细晶粒的焊缝。此外，逐层锤击焊缝表面，还可以起到减小残余应力的作用。

（3）调整焊接工艺。实践证明，当功率 P 不变时，增大焊速 v 可使焊缝晶粒细化；而当线能量 E 不变而同时提高 P 和 v，也可使焊缝晶粒细化。此外，为了减少熔池过热，在埋弧焊时可向熔池中送进附加的冷焊丝，或在坡口面预置碎焊丝。

（4）焊后热处理。要求严格焊接结构，焊后需进行热处理。按热处理规范不同，焊后热处理可分别起到改善组织、性能、消除残余应力或排除扩散氢的作用。焊后进行正火（或正火+回火）和淬火+回火，可以改善焊缝的组织与性能。具体的选用应根据母材的成分、焊接材料、产品的技术条件及焊接方法而定。有些产品（如大型或在工地上装焊的结构）进行整体热处理有困难，也可采用局部热处理。

（5）多层焊。根据多层焊热循环的特点可知，通过调整焊层数 n 可以在较大范围内调整焊接参数，从而比单道焊调解焊接参数时细化晶粒的作用更为明显。同时多层焊逐层焊道间的后热作用可以改善焊缝的二次组织。

多层焊的后热效果在焊条电弧焊时比较明显，因为每一焊层的热作用可达到前一焊层的整个厚度。而埋弧焊时，由于焊层厚可达 6～10mm，后一焊层的热作用只能达到 3～4mm 深，而不能对整个焊层截面起后热作用。

（6）跟踪回火。跟踪回火就是在焊完每道焊缝后用气焊火焰在焊缝表面跟踪加热。加热温度为 900～1000℃，可对焊缝表层下 3～10mm 深度范围内不同深度的金属起到不同的热处理，以焊条电弧焊为例，每一层焊缝的平均厚度为 3mm，跟踪回火对表层下不同深度金属的热作用分别为：最上层加热温度为 900～1000℃，相当于正火处理；中间深度为 3～6mm 的一层加热温度为 750℃ 左右，相当于高温退火，最下层（6～9mm），则相当于进行600℃ 左右的回火处理。这样，除了表面一层外，每层焊道都相当于进行了一次焊后正火及不同次数的回火，组织与性能将有明显的改善。

跟踪回火使用中性焰，将焰心对准焊道作"Z"形运动，火焰横向摆动的宽度大于焊缝宽度 2～3mm。

大型结构或补焊件，采用跟踪回火还可以显著提高熔合区的韧性。

2.1.6　焊缝金属的合金化

在熔焊时要获得预期的焊缝成分，需要通过焊接材料过渡一定的合金元素到焊缝金属中，这个过程就是焊缝金属的合金化。

2.1.6.1　焊缝金属合金化的目的

（1）补偿焊接中因氧化和蒸发所引起的合金元素的损失；
（2）消除某些焊接工艺缺陷，改善焊缝金属的组织及力学性能；
（3）获得具有特殊性能的堆焊层。

2.1.6.2　焊缝金属合金化的方式

（1）采用合金焊丝或带状电极。这种方式是把所需要的合金元素加入焊丝或带状电极内，配合低氧、无氧焊剂进行焊接或堆焊，从而使合金元素过渡到焊缝中去。这种方式的优点是合金元素过渡效果好，焊缝成分稳定、均匀可靠，合金损失少；缺点是合金成分不易调整，制造工艺复杂，成本高。对于脆性材料如硬质合金不能轧制与拔丝，故不能采用这种方法。

（2）应用药芯焊丝或药芯焊条。药芯焊丝的结构是各式各样的，常用的是一种比较简单、具有圆形断面的，其外皮是用普通低碳钢带卷制而成的圆管，里面充满铁合金与纯铁粉混合物，这种药芯焊丝也叫管状焊丝。

药芯焊丝是目前做有效的过渡合金元素的方法之一，其优点是药芯中各种合金成分的比例可以任意调整，从而可以得到任意成分的焊缝金属或堆焊层，合金的损失比较少。其缺点是不易制造，药芯成分的混合不易达到均匀，因而焊缝的成分也不够均匀。

（3）采用普通焊丝配以含有合金元素的焊条药皮或焊剂。其优点是简单方便，制造容易，但由于氧化损失较大并有一部分残留在熔渣中，故合金的利用率低。

（4）采用合金粉末。其优点是：不必经过轧制、拔丝等工序制作合金粉末，合金比例可任意配制、合金元素的损失不大。缺点是焊缝金属成分的均匀性差一些。

2.1.6.3　合金元素的过渡系数及影响因素

（1）合金元素的过渡系数。所谓过渡系数，就是指焊接材料中的合金元素过渡到焊缝金属中的数量与其原始含量的百分比。

$$\eta_x = \frac{[x]_d}{[x]_0} \times 100\%$$

式中　　η_x——合金元素 x 的过渡系数；

　　　　$[x]_d$——熔敷金属中元素 x 的实际含量，即由焊接材料过渡到焊缝中的合金元素 x 的含量；

　　　　$[x]_0$——元素 x 在焊接材料中的原始含量，应为 x 元素在焊丝与药皮（或焊剂）中原始含量之和。

$$M_w = M_o - (M_{sl} + M_{ox})$$

式中　　M_w——从焊接材料中过渡到焊缝中的合金元素量；

　　　　M_o——合金元素在焊接材料中的原始含量；

　　　　M_{sl}——残留于渣中的自由合金元素量；

　　　　M_{ox}——被氧化（或由于其他反应损失的）元素量。

（2）影响过渡系数的因素。

1）合金元素对氧的亲和力；

2）合金元素的物理性质；

3）焊接区介质的氧化性；

4）合金元素的粒度；

5）合金元素的含量；

6）药皮（焊剂）的成分；

7）药皮（药芯）重量系数和焊接参数。

由以上分析得知，影响合金元素的过度系数的因素来自材料、焊接工艺等各个方面。同一焊丝用于不同的焊接方法，和同一元素在不同的合金系统中，过渡系数不尽相同。所以，在实际生产中，必须事先与生产完全相同的条件下进行试验，这样获得的结果才能用于指导生产。

任务 2.2　焊接熔合区质量分析

熔合区是焊接接头中焊缝与母材交界的过渡区，在焊接接头横截面组织图中，可以看到焊缝的轮廓线，这就是通常所说的熔合线，而在显微镜下可发现，这个所谓的熔合线实际上是具有一定宽度的半熔化区，就是熔合区。大量实践证明，熔合区通常会成为整个接头的薄弱环节，某些缺陷，如冷裂纹、再热裂纹，脆性相等常起源于这里，并常常引起焊接结构的失效。

2.2.1　熔合区的形成原因

熔合区是由于母材坡口表面复杂的熔化情况形成的，首先，即使焊接参数保持稳定，而由于电弧吹力的变化和金属熔滴的过渡，都使传播到母材表面的热量随时发生变化，造成母材熔化不均匀；其次，由于母材表面晶粒的取向各不相同而熔化程度不同，其中1、3、5取向与导热方向一致的晶粒熔化较快，2、4晶粒熔化较少，如图2-10所示。此外，母材各点的溶质分布实际上的不均匀，使各点的有效熔点与理论熔点存在不同的差值，因而在理论熔点的等温面上必然存在了已经熔化和尚未熔化的部位。总的结果就形成固-液两相交错并存的半熔合区，如图2-11所示。

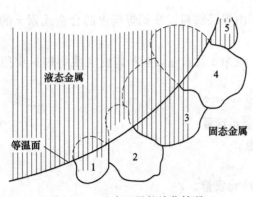

图2-10　熔合区晶粒熔化情况

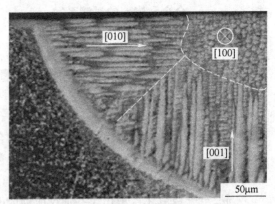

图2-11　焊接接头的熔合区示意图

2.2.2　熔合区的宽度

熔合区是固-液并存的区域，其宽度与母材的液-固两相温度之差成正比，而与熔池边缘的温度梯度成反比，可按下式近似计算：

$$B = \frac{t_1 - t_s}{G}$$

式中　B——熔合区宽度；

　　　t_1——被焊金属的液相温度；

　　　t_s——被焊金属的固相温度；

　　　G——熔池边缘的实际温度梯度.

低碳钢或低合金钢在电弧焊条件下，G在300～80℃/cm之间，t_1-t_s约为40℃，其熔合区宽度：

$$B = \frac{40}{300 \sim 80}\text{cm} = 0.33 \sim 0.5\text{cm}$$

奥氏体不锈钢的熔合区宽度约为0.06～0.12cm。

2.2.3　熔合区的不均匀性

化学不均匀性和物理不均匀性是熔合区的重要特征之一，也是造成它成为整个接头薄弱部位的主要原因。

一般来说，钢中的合金元素及杂质在液相中的溶解度都大于在固相中的溶解度。因此在熔池凝固过程中，随着固相的增加，溶质原子必然要大量地堆积在固相前沿的液相中，特别是开始凝固时，高温析出的固相比较纯，这种堆积更明显。这样在固-液交界的地方溶质的浓度将发生突变，在凝固过程中堆积在固相前沿的液相中的溶质，来不及扩散到液相中心，而将不均匀的分布状态保留到凝固以后。由不平衡凝固过程所造成的这种化学不均匀性程度，与溶质原子的性质有关，如硫、磷、碳等易偏析的元素，表现明显，在凝固后的冷却过程中，扩散能力较强的元素还有可能在浓度梯度的推动下由焊缝向母材扩散，使化学不均匀性有所缓和。

熔合区在不平衡加热时，还会出现位错与空位等结晶缺陷的聚集或重新分布，成物理不均匀性。其中空位的重新分布对金属的抗裂能力将有很大影响，常常可能成为焊接接头延时开裂的裂源。

任务 2.3　焊接热影响区组织及力学性能控制

在焊接过程中，母材因受热的影响（但未熔化）而发生金相组织和力学性能变化的区域叫做热影响区（HAZ）。在焊接技术用于结构制造的早期，所用金属材料主要是低碳钢，焊接热影响区一般不会出现什么问题，因此焊接质量取决于焊缝质量，当时人们的主要精力用于解决焊缝中可能出现的问题。

当前焊接技术应用材料的品种不断扩大，结构的尺寸与板厚不断增加，对焊接质量的要求越来越高，不仅大量应用了低合金高强度钢、高合金特殊钢，还用了铝、铜、钛等有色金属的合金。这些材料大多对加热敏感，有些化学性质还相当活泼，因此，在焊接热源作用下热影响区的组织与性能将发生较大的变化，甚至会产生严重的缺陷。

随着钢材强度与厚度的增加，热影响区脆化倾向增大，产生焊接缺陷的可能性增加，焊缝质量不再是决定焊接质量的唯一要素。

2.3.1　焊接热影响区的形成

凡是通过局部加热来达到连接金属的焊接方法，由于其加热的瞬时性和局部性使焊缝的母材都经受了一种特殊热循环的作用。其特点为升温速度快，冷却速度快。因此，凡是与扩散有关的过程都很难充分进行。焊接加热的另一特点为热场分布极不均匀，紧靠焊缝的高温区内的温度接近于熔点，远离焊缝的低温区内的温度接近于室温。而且，峰值温度越高的部位，加热速度越快，冷却速度越大。因此，焊接过程中，在形成焊缝的同时不可避免地使其附近的母材经受了一次特殊的热处理，形成了一个组织和性能极不均匀的焊接热影响区。

2.3.2　焊接热影响区组织变化的特点

2.3.2.1　焊接加热时热影响区的组织转变特点

焊接加热的特殊条件，对热影响区的组织转变有以下几方面的影响。

（1）使相变温度升高。一般焊接结构常用的亚共析钢的室温组织是铁素体以及珠光体，在平衡条件下，加热温度超过 A_{c1} 时首先发生珠光体向奥氏体的转变。随后温度继续上升，余下的铁素体不断溶入奥氏体，到达 A_{c3} 温度后奥氏体全部溶解，待奥氏体化过程终了时得到单一的 r 相。在实际生产条件下，转变温度因相变的"滞后"而高于上述理论值。加热速度越高，相变的"滞后"越严重，实际的相变温度越高。

随着加热速度提高，A_{c1} 与 A_{c3} 均上升，而且二者的差值增大。对于含有碳化物形成元素的钢来说，由于这些元素的扩散能力比碳小得多，加热速度对相变温度的影响更大，加热速度对相变温度 A_{c1}、A_{c3} 的影响见表 2-2。

表 2-2　加热速度对相变温度 A_{c1}、A_{c3} 的影响

钢种	相变点	平衡温度/℃	加热速度 v_h/℃·s^{-1}				A_{c1}、A_{c3} 值的变化量/℃		
			6~8	40~50	250~300	1400~1700	40~50	250~300	1400~1700
45	A_{c1}	730	770	775	790	840	45	60	110
	A_{c3}	770	820	835	860	950	65	90	180
40Cr	A_{c1}	735	735	750	770	840	15	35	105
	A_{c3}	780	775	800	850	940	25	75	165
23Mn	A_{c1}	735	750	770	785	830	35	50	95
	A_{c3}	830	810	850	890	940	40	60	110
30CrMnSi	A_{c1}	740	740	775	825	920	15	85	180
	A_{c3}	790	820	835	890	980	45	100	190
18Cr2WV	A_{c1}	800	800	800	930	1000	60	130	200
	A_{c3}	860	860	860	1020	1120	70	160	260

（2）影响奥氏体均质化程度。焊接的快速加热不利于元素扩散，使得已形成的奥氏体来不及均匀化，加热速度越高，高温停留的时间越短，不均匀的程度就越严重。这种不均匀的高温组织，将影响冷却过程的组织转变。

2.3.2.2　焊接冷却时热影响区的组织转变特点

焊接加热时，热影响区的组织转变特点对冷却时的转变有明显的影响，也就是说，即使是同一材料，在焊接或热处理条件下，尽管冷却速度相同，但因高温组织不完全相同，冷却后的室温组织并不一样。另外，具体的影响还与钢的成分有关。

焊接冷却时热影响区的组织转变，可应用焊接 CCT 图来分析。焊接 CCT 图即焊接连续冷却组织转变曲线图，是用来表示焊缝及热影响区金属在各种连续冷却条件下转变开始和终了温度、转变开始和终了时间以及转变组织、室温硬度与冷却速度之间关系曲线图。

焊接 CCT 图又分为焊接热影响区 CCT 图和焊缝 CCT 图两种。其中热影响区 CCT 图应用比较广泛。

实用的焊接热影响区 CCT 图一般都是按奥氏体化温度 $T_1 = 1350℃$ 的条件下绘制的。这是因为加热峰值温度为 1350℃ 的部位往往是整个接头的薄弱环节。Q345（16Mn）钢焊接热影响区的 CCT 图如图 2-12 所示。

图 2-12 中曲线表示不同的冷却速度，坐标平面由各个转变点的连线划分为几个区域，

连线与冷却速度曲线交点处的数字表示在该冷却速度下相应组织的质量分数。利用焊接热影响区 CCT 图，可以根据冷却速度较方便来预测焊接热影响区的组织及性能，也可以根据预期的组织来确定所需的冷却速度，从而来选择焊接工艺参数、预热等工艺措施。因此，国内外都很重视这项工作，常在新钢种投产前就测定出该钢种的焊接热影响区的 CCT 图。40Cr 钢的焊接热影响区 CCT 如图 2-13 所示。

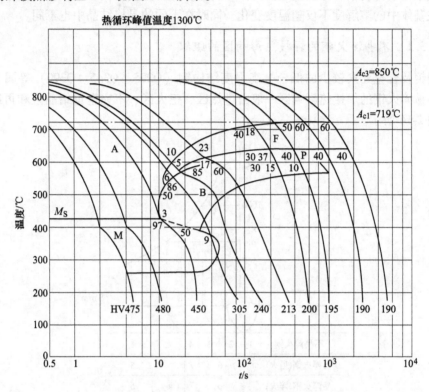

图 2-12　Q345（16Mn）钢焊接热影响区 CCT 图

（$w(\mathrm{C}) = 0.16\%$，$w(\mathrm{Si}) = 0.35\%$，$w(\mathrm{Mn}) = 1.35\%$，$w(\mathrm{S}) = 0.026\%$，$w(\mathrm{P}) = 0.014\%$）

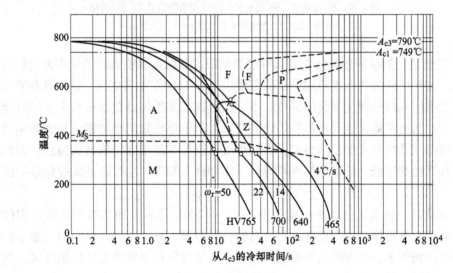

图 2-13　40Cr 钢焊接热影响区 CCT

2.3.3　焊接热影响区的组织

在了解焊接热影响区加热和冷却转变特点的基础上，重点讨论低碳钢和合金钢热影响区的组织。

一般结构钢都属于有相变重结晶的多相合金，随着温度升高，晶格结构发生变化。合金元素在基体中的溶解度不仅随温度变化，同时在不同的晶格结晶中也不同。

2.3.3.1　不易淬火钢的焊接热影响区的组织

低碳钢及合金元素较少的低合金高强度结构钢（Q295、Q345、Q390）等属于不易淬火钢。不易淬火钢的焊接热影响区一般由过热区、正火区、不完全重结晶区和再结晶区组成，如图 2-14 所示。

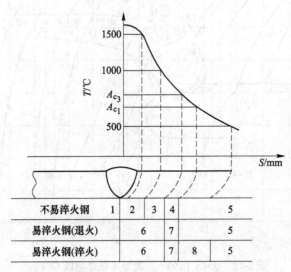

图 2-14　热影响区划分示意图

1—熔合区；2—过热区；3—正火区；4—不完全重结晶区；5—母材；
6—淬火区；7—部分淬火区火区；8—回火区

（1）过热区。焊接热影响区中，具有过热组织或晶粒显著粗大的区域称为过热区，又称粗晶区。过热的加热温度范围是在固相线以下到 1100℃ 左右之间。过热区是紧邻熔合区具有过热组织或晶粒明显粗化的部位，由于温度高，奥氏体晶粒急剧长大，同时难熔质点不断溶入，甚至可能发生局部晶界熔化的现象。对于淬硬倾向小的钢，如低碳钢的过热区冷却后将得到晶粒粗大的过热组织；在气焊或电渣焊时甚至会得到魏氏组织。因此这个区的塑性和韧性都很低，特别是韧性较母材下降 20%～30%。过热区是焊接热影响区中性能最差的。

（2）正火区。正火区的加热温度范围在 A_{c3}～1000℃ 之间。加热时该区的铁素体和珠光体全部转变为奥氏体。由于温度不高，晶粒长大较慢，空冷后，获得均匀而细小的铁素体和珠光体，相当于热处理时的正火组织，因此该区也称相变重结晶区或细晶区。其力学性能略高于母材，是热影响区中综合力学性能最好的区域。

（3）不完全重结晶区。该区的加热温度范围处于 $A_{c1} \sim A_{c3}$ 之间。加热时，该区的部分铁素体和珠光体转变为奥氏体，冷却时奥氏体转变为细小的铁素体和珠光体；而未溶入奥氏体的铁素体不发生转变，晶粒长大粗化，成为粗大的铁素体。所以这个区的金属组织是不均匀的，一部分是经过重结晶的晶粒细小的铁素体和珠光体，另一部分是粗大的铁素体。由于晶粒大小不同，所以力学性能也不均匀。

（4）再结晶区。对于焊前经过冷塑性变形（冷轧、冷成形）的母材，加热温度在 $A_{c1} \sim 450℃$ 之间，将发生再结晶。经过再结晶，塑性、韧性提高了，但强度却降低了。图 2-15 为 Q235A 焊接热影响区的组织金相图，其中（a）为过热区，（b）为正火区，（c）为不完全重结晶区，（d）为母材。

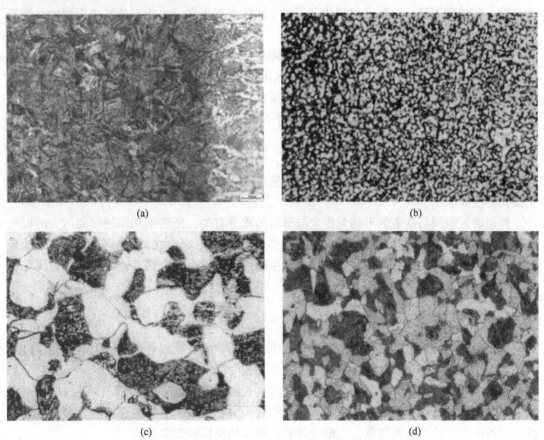

(a)　　　　　　　　　　　　　　　(b)

(c)　　　　　　　　　　　　　　　(d)

图 2-15　Q235A 焊接热影响区的组织金相图

（a）过热区；（b）正火区；（c）不完全结晶区；（d）母材

2.3.3.2　易淬火钢的焊接热影响区的组织

中碳钢，低、中碳调质合金钢（如 45/18MnMoNb、30CrMnSi）等属于易淬火钢。

易淬火钢的焊接热影响区一般由淬火区和部分淬火区组成。调质状态的易淬火钢焊接热影响区除了淬火区、部分淬火区外还有回火软化区如图 2-14 所示。

（1）淬火区。加热温度在固相线和 A_{c3} 之间的区域为淬火区。加热时该区全部变为奥氏体，冷却后奥氏体转变为淬火组织马氏体。在紧靠焊缝相当于过热区部分为粗大马氏体；相当于正火区部分为细小马氏体。因此，淬火区的硬度和强度高，塑性和韧性下降；尤其是粗晶马氏体区塑性和韧性严重下降。

（2）部分淬火区。加热温度在 $A_{c3} \sim A_{c1}$ 之间的区域为部分淬火区。加热时的组织为铁素体和奥氏体。冷却后，奥氏体变为马氏体；原铁素体保持不变，其晶粒较大。因此，部分淬火区的组织为细小的马氏体和粗大的铁素体。这种不完全淬火组织使部分淬火区的性能不均匀程度增加，塑性和韧性下降。

（3）回火区。这一区域内的组织变化取决于焊前热处理状态，对于调质状态的易淬火钢热影响区，加热温度在 A_{c1} 至高温回火温度之间的区域为回火区。由于加热温度高于回火温度，其强度下降，又称回火软化区；对于热轧、正火和退火状态的易淬火钢的热影响区，则没有回火软化区。

以上是按正常条件进行讨论的，而在实际生产中，有时会出现一些反常情况，如钢中的有害元素（如 S、P）的偏析会使热影响区出现反常的组织或裂纹，而低碳钢中即使不存在偏析，在不完全重结晶区中也可能出现反常组织。例如，加热时原有的珠光体转变为共析成分的奥氏体，而铁素体未溶解而保持不变。冷却时高碳的奥氏体转变为高碳马氏体。最后得到马氏体+铁素体的特殊组织。

综上所述，热影响区的组织是不均匀的，因此，其性能必然也不均匀。其中过热区的晶粒粗化加之熔合区的化学不均匀性，构成整个焊接接头中的薄弱区，而此区往往就决定了接头的性能。

热影响区组织与性能的不均匀程度与母材的成分有关，低碳钢和淬硬倾向不大的低合金钢，其热影响区组织与性能的变化相对要小些。淬硬倾向较大的中碳钢和调质型的低合金钢，由于出现淬硬组织而脆化，并容易产生裂纹。至于高合金钢、铸铁和有色金属等材料，热影响区的组织更为复杂。

2.3.4　焊接热影响区的性能分析

焊接热影响区性能的不均匀表现在多方面，包括常温、高温和低温的力学性能，以及在特殊工作环境中要求的耐蚀性、耐热性、疲劳强度等。

采用常规力学性能试件的测量结果，只能代表整个接头的平均水平，这类数据在一定条件下对生产及设计有指导作用，但不能说明接头中各区不同组织与性能的分布。这里所涉及的各区力学性能所列数据，大部分是通过焊接热模拟试验取得的。

2.3.4.1　焊接热影响区的硬度分布

硬度是反应材料的成分组织与力学性能的一个综合指标。一般来讲，硬度升高的同时，强度提高，塑性、韧性下降。硬度容易测定，不需进行热循环再现。通过测定接头的显微硬度值，即可推断接头组织与性能的分布情况。

一般情况下，随着硬度上升，钢的塑性、韧性下降，抗裂能力减弱。因此，热影响区中硬度最高的部位往往就是接头中的薄弱环节，而且最高硬度值越高，接头的综合力学性能就越低，产生裂纹等缺陷的可能性就越大。对大多数钢来说，最高硬度值大都出现在熔合线附近的热影响区处，掌握一个钢种焊接热影响区最高硬度的大小，对于预测其接头的力学性能及开裂的倾向有重要意义。

图 2-16 为成分相当于 20Mn 钢单道焊时热影响区的硬度分布曲线图。A—A′、B—B′曲线为相应截面的硬度分布。从图中可以看出，最高硬度值在熔合线附近，远离熔合线的部位硬度值迅速下落，最后与母材趋于一致。

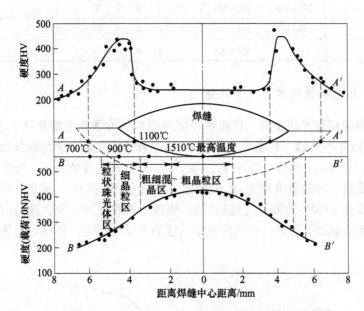

图 2-16　相当于 20Mn 钢的焊接 HAZ 的硬度分布

热影响区的最高硬度值可以通过实测确定，也可以根据母材的化学成分估算。根据母材化学成分估算，最常用的方法就是碳当量估算法。所谓碳当量，是把钢中的合金元素（包括碳）按其对淬硬（包括冷裂、脆化等）的影响程度折合成碳的相当含量。随着钢种碳当量增加，其硬度呈直线增加。

碳当量的计算公式很多，其中，以国际焊接学会推荐的 CE（IIW）和日本 JIS 标准规定的 C_{eq} 应用最广。

国际焊接学会推荐公式，适用于中高强度的非调质低合金高强度钢（$\sigma_b = 500 \sim 900\text{MPa}$）；日本 JIS 标准规定的 C_{eq}，主要适用于含碳调质低合金高强钢（$\sigma_b = 500 \sim 1000\text{MPa}$）。但均适用于含碳量大于 0.18% 的钢种。

$$CE(\text{IIW}) = C + \frac{Mn}{6} + \frac{Si}{24} + \frac{Ni}{40} + \frac{Cr}{5} + \frac{Mo}{4} + \frac{V}{14}$$

$$C_{eq} = C + \frac{Mn}{6} + \frac{Si}{24} + \frac{Ni}{40} + \frac{Cr}{5} + \frac{Mo}{4} + \frac{V}{14}$$

焊接热影响区最高硬度法比碳当量法能更好地判断钢种的淬硬倾向和冷裂纹敏感性，因为它不仅反映了钢种化学成分的影响，而且也反映了金属组织的作用。由于该试验方法简单，被国际焊接学会（IIW）纳为标准。适用于焊条电弧焊。不同金相组织和混合组织的硬度值如表 2-3 所示。

表 2-3　不同金相组织和混合组织的硬度值

| 显微硬度 HV | | | | 金相组织体积分数/% | | | | 最高宏观硬度 |
铁素体 F	珠光体 P	中间组织 Z	马氏体 M	F	P	Z	M	HV
202~246	232~249	240~285	—	10	7	83	0	212
216~258	—	273~336	245~383	1	0	70	29	298
—	—	293~323	446~470	0	0	19	81	384
—	—	—	454~508	0	0	0	100	393

2.3.4.2　热影响区的常温力学性能

随着焊接热模拟技术的发展，目前对焊接热影响区力学性能的研究，取得较大发展。图 2-17 为淬硬倾向不大的（相当于 16Mn）钢热影响区的常温力学性能分布。横坐标表示热影响区各点的最高加热温度。其中 $T_{max} = A_{c1} \sim A_{c3}$ 的不完全重结晶区，由于晶粒尺寸不均匀，σ_s 降到最低值；加热温度超过 A_{c3} 的部位，温度上升，强度、硬度上升，塑性、韧性下降；加热温度为 1300℃ 的部位（过热区），强度、塑性同时下降，这是由于晶粒严重粗化、晶界疏松而造成的。因此，在研究热影响区的力学性能时，往往对过热区给予更多的注意。

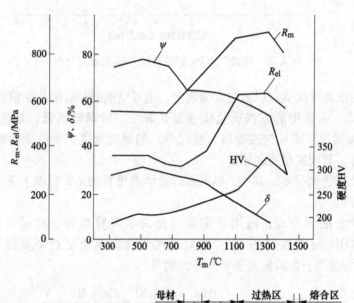

图 2-17　淬硬倾向不大的钢种焊接热影响区的力学性能
（$w_{(C)} = 0.17\%$，$w_{(Mn)} = 1.28\%$，$w_{(Si)} = 0.40\%$）

热影响区中过热区的力学性能，除与钢中的化学成分和加热峰值温度有关之外，还与冷却速度有关。图 2-18 为冷却速度对低碳钢和 Q345（16Mn）钢过热区力学性能的影响。由图可见，随冷却速度升高，强度和硬度上升，塑性下降，并且冷却速度对合金钢的影响更大，即对 Q345（16Mn）钢的影响大于低碳钢。这是因为合金元素加入后，钢的淬透性增大，得到淬火组织所需的临界冷却速度降低。

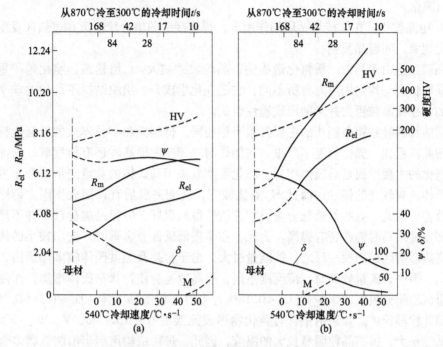

图 2-18　冷却速度对过热区力学性能的影响

（a）低碳钢：$w(C) = 0.15\%$；$w(Mn) = 0.95\%$，$w(Si) = 0.08\%$；

（b）Q345（16Mn）：$w(C) = 0.18\%$，$w(Mn) = 1.4\%$，$w(Si) = 0.47\%$

过热区的力学性能除了与加热温度有关外，还与冷却速度有关。

2.3.4.3　热影响区的脆化

脆化是指材料韧性急剧下降，而由韧性转变为脆性的现象。脆性材料往往在只有少量变形时即发生断裂，而且断裂过程消耗的能量也比韧性材料少的多。因为破坏多为低应下突发性的，后果更为严重。

金属材料抗脆性断裂能力的判据是冲击吸收功（A_K）或冲击韧度（α_K）。α_K 代表材料在断裂前单位面积所吸收的能量。除了具有面心立方晶格的金属结构材料外，其他金属在温度下降到一定时都会发生由延性向脆性转变的现象，转变时，表现为 α_K 值急剧下降，此时温度称为韧脆转变温度（T_{cr} 或 t_{cr}）。金属在 T_{cr} 以上表现为韧性的；而低于该温度则表现为脆性的。一般来说，T_{cr} 不仅可以表示材料在低温下的韧性，用来确定其最低的工作温度，而且可以代表这种金属材料的脆化倾向，即金属材料的 T_{cr} 越高，从韧性转变为脆性越容易，脆化倾向越大。

脆化是焊接热影响区力学性能变化的另一个重要问题。实践证明，很多焊接结构失效都起因于热影响区的脆化。

热影响区脆化的类型很多，常见的如氢脆、粗晶脆化和时效脆化等。这里主要介绍粗晶脆化和热应变时效脆化。

　　碳锰钢焊接热影响区 t_{cr} 的变化曲线如图所示。可以看出，在过热区（加热温度 ≈ 1500℃）和加热温度为 400~600℃ 的部位 t_{cr} 出现了两个峰值，前者即为粗晶脆化，后者为热应变时效脆化。

　　（1）粗晶脆化。在焊接热循环的作用下，焊接接头的熔合线附近和过热区发生的严重晶粒粗化现象，叫粗晶脆化。

　　粗晶脆化是由于晶粒严重粗化造成的，晶粒尺寸越大，t_{cr} 值越高，脆化越严重。热影响区的晶粒长大与均匀加热时有所不同，它是在化学成分、组织结构不均匀的非平衡状态下进行的，往往晶粒粗大并伴随出现脆性组织。

　　不同的材料导致粗晶脆化的主要因素不尽相同，低碳钢和不易淬火的低合金钢主要是因过热而晶粒粗化，脆化程度不严重，在加热与冷却速度提高时还有所缓解。易淬火钢产生粗晶脆化的主要原因是马氏体相变，脆化程度取决于马氏体的数量与形态两个方面。板条状马氏体具有较高的韧性，而且 M_s 点比较高，转变完成后有自回火作用，韧性可得到进一步改善。因此，有些低碳低合金钢的淬透性虽然很好，但粗晶脆化现象并不严重，而且在冷却速度很高时韧性还有提高。为此，在焊接低碳低合金钢时，选用较小的线能量有利于提高热影响区的韧性；反之，线能量过大，由于粗晶及上贝氏体较多等原因，反而使韧性恶化。钢中含碳量较高时，情况则不同，提高冷速会使针状马氏体增加，而使脆化严重。大量试验研究表明，钢中 $w(C) < 0.18\%$ 时可得到板条马氏体，而 $w(C) > 0.20\%$，则开始出现针状马氏体。如果钢中含有碳化物形成元素（Ti、Nb、Mo、V、W、Cr 等）时。能抑制晶粒长大，提高晶粒明显长大的温度，因此，焊接结构用钢当前朝低碳多合金系统发展。

　　此外，反常的混合组织、粗大的魏氏组织、上贝氏体等也会导致脆化，这种因出现淬硬组织而导致的脆化也叫做组织脆化。

　　（2）热应变时效脆化。热应变时效脆化多发生在低碳钢和碳锰低合金钢的亚热影响区（加热温度低于 A_{c3} 的部位），在显微镜下看不出明显的组织变化，多层焊时在熔合区也会出现热应变时效脆化。这种脆化，主要是由制造过程中各种加工（如下料、剪切、弯曲、气割等）或焊接热应力所引起的局部塑性性应变与焊接热循环的作用叠加而造成的。

　　关于热应变时效化的机理，目前虽有许多论述，但至今尚未有明确、一致的结论。多数人认为，是碳、氮原子聚集在位错附近对位错产生钉扎作用而引起的，钢中含有 Cr、V、Mo、Al 等碳化物、氮化物形成元素时，可降低热应变时效脆化的程度。

　　热影响区脆化的形式除上述几种外，还有在铬钼钢的热影响区出现的石墨脆化，但这种脆化在一般条件下很少出现，这里不做过多介绍。

　　热影响区的脆化对整个接头的性能影响很大，脆化后，显微裂纹很容易扩展成为宏观开裂。因此，当热影响区脆化严重时，即使母材与焊缝的韧性都很高，也没有什么实用价值。

2.3.4.4　热影响区的软化

　　热影响区软化是指焊后其强度、硬度低于焊前母材的现象。这种现象主要出现在焊前经过淬火和回火的高强钢、经过冷塑变形及具有沉淀强化的金属或合金中。这些材料焊接后热影响区会产生不同程度的软化或失强，将影响焊接结构的力学性能。

焊前经过热处理强化的钢，其软化部位在热影响区中加热温度为焊前的回火温度至 A_{c1} 之间的区域。焊前经过冷塑性变形的软化为不易淬火钢中的再结晶区。

图 2-19 所示为热处理强化钢焊接后热影响区的软化情况。从图中可以看出，热影响区的软化程度与焊前的热处理状态有关，母材焊前的回火温度越低（即强化程度越大），则焊后的软化程度越严重，即强度下降的幅度越大，如图中曲线 A、B 所示。母材焊前是退火状态时，不存在软化现象，如图中 C 曲线所示。

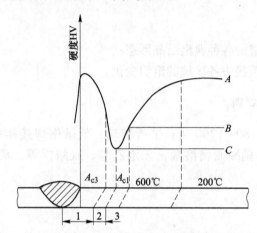

图 2-19　热处理强化钢焊接热影响区硬度分布
A—焊前淬火和低温回火；B—焊前淬火和高温回火；C—焊前退火
1—淬火区；2—部分淬火区；3—回火区

2.3.4.5　改善热影响区性能措施

改善热影响区性能的主要内容是提高其韧性。韧性是金属材料由塑性应变到断裂全过程中吸收变形能量的能力，是强度和塑性的综合表现。提高韧性可以阻止裂纹的扩展，有效地提高焊接结构的安全性。

热影响区在焊接过程中不熔化，焊后化学成分基本不发生变化。因此，不能像焊缝那样通过调整化学成分来改善性能。目前改善热影响区性能主要从以下几个方面入手：

（1）采用高韧性母材。为了保证焊接热影响区焊后具有足够的韧性，近年来发展了一系列低碳微量多元素强化的钢种，这些钢在焊接热影响区可获得韧性较高的针状铁素体、下贝氏体或低碳马氏体，同时还有弥散分布的强化质点。

随着冶炼技术的迅速发展，采用炉内精炼、炉外提纯等一系列工艺，可使钢中的杂质（S、P、N、O 等）含量极低，加之微量元素的强化作用，而得到高纯度、细晶粒的高强度钢。这些钢有很高的韧性，热影响区的韧性相应也有明显的提高。

新钢种和先进的冶炼技术，为扩大焊接技术的应用开辟了广阔的前景。但在母材选用上，必须注重合理性，也就是说，钢材的质量与价格应与产品的重要性及工作条件相匹配，而不是一味追求高质量。

（2）焊后热处理。焊后热处理（如正火或正火加回火）可以有效提高性能，是重要产品制造中常用的一种工艺方法。但对大型的、复杂的或在工地装配的焊接，即使采用局部热处理也很困难，因此焊后热处理的应用很有局限性。

（3）合理制订焊接工艺。包括正确选择预热温度、合理控制焊接参数及后热等。具体的数据则因钢的成分之不同而异。

任务 2.4　焊接接头金相组织观察

2.4.1　试验目的

（1）观察与分析焊缝的各种典型结晶形态；
（2）掌握低碳钢焊接接头各区域的组织变化。

2.4.2　实验装置及实验材料

粗细金相砂纸，从 180～1200 目；平板玻璃；低碳钢焊接接头试片；金相显微镜；抛光机；电吹风机；4%硝酸酒精溶液，无水乙醇、脱脂棉等；典型金相照片（或幻灯片）。

2.4.3　试验内容

用金相显微镜观察 20 号钢试件，以及含裂纹和多层焊试件。观察时注意分辨各种组织的形态，HAZ 各区的特点、冷裂纹和热裂纹的特点、多层焊焊缝和 HAZ 组织变化特点，20 号钢焊接接头金相组织如图 2-20 所示。

2.4.4　试验方法与步骤

低碳钢焊接接头的金相分析方法及步骤如下：

（1）将已焊好的试件（以丁 422 焊条在 150mm×40mm×6mm 的试件上堆焊），切成 25mm×25mm 的试片，然后把试片四周用砂轮打去毛刺，并把四个角打磨成圆角。

（2）用金相砂纸打磨试片。必须注意，研磨试片的砂纸要由粗到细、依次制作，不要使粗砂粒带到细的砂纸上。试片研磨完后，用清水冲洗，进行机械抛光，抛光后再用清水冲洗试片。

（3）将抛光好的试片，用 4%的硝酸酒精溶液腐蚀，大约经过 5～10s 左右，立即用清水冲洗，然后用无水乙醇轻轻擦去水分，并用吹风机吹干。

（4）把已制备好的试片在显微镜下进行观察与分析。

分清焊接接头各区域后，仔细辨认各区域组织的特征，在显微镜下，测定焊接热影响区各区域的宽度，把各区的宽度及组织填入表。绘制各区域组织示意图。

2.4.5　试验报告

（1）写出试验目的、设备、材料和步骤；
（2）画出 20 号钢的 HAZ、焊缝和母材组织，并分析试件各区组织的特点。

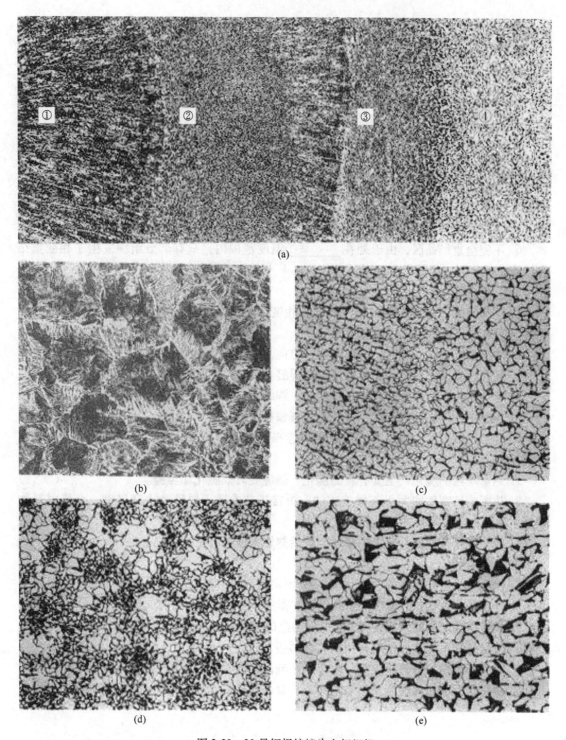

图 2-20　20 号钢焊接接头金相组织
（a）接头组织；（b）过热区的魏氏组织；（c）相变重结晶区（正火区）；
（d）不完全重结晶区；（e）母材组织

思考题

2-1　填空题

1. 焊缝金属从熔池中高温的液态冷却至常温的固体状态经历了两次结晶的过程，它们是：_____和_____。

2. 焊接熔池的一次结晶包括_____和_____两个基本过程。

3. 焊缝中偏析主要有_____、_____和_____三种形式。

4. 焊接过程中，母材因受热影响（但未熔化）而发生_____和_____变化的区域称为焊接热影响区。

5. 不易淬火钢的焊接热影响区可分为_____、_____、_____和_____。

6. 不完全重结晶区，由于处在_____温度范围内，只有部分组织发生了相变重结晶过程，故该区的组织是_____。

2-2　判断题

1. 不易淬火钢焊接热影响区中的部分相变区，由于部分组织发生变化，所以是整个热影响区中综合性能最好的一个区域。　　　　　　　　　　　　　　　　（　　）

2. 焊接熔池一次结晶时，晶体在成长方向总是和散热方向一致的。　（　　）

3. 气孔、夹杂、偏析等缺陷大多是在焊缝金属的二次结晶时产生。　（　　）

4. 合金钢由于合金元素较多，焊接时，焊缝中的显微偏析不严重。　（　　）

5. 焊缝中心形成的热裂纹，往往是区域偏析的结构。　　　　　　　（　　）

6. 焊条电弧焊时，选用优质焊条不但能提高焊缝金属的质量，同时还能改善热影响区的组织。　　　　　　　　　　　　　　　　　　　　　　　　　　（　　）

7. 热影响区的脆化，主要有粗晶脆化、热应变时效脆化和氢脆。　（　　）

8. 热影响区宽度的大小与焊接方法、焊接工艺参数、焊件大小和厚度、金属材料物理性质和接头形式等有关。　　　　　　　　　　　　　　　　　　　　　（　　）

9. 对于焊接未经塑性变形的母材，焊后热影响区中会出现再结晶区。　（　　）

2-3　简答题

1. 熔合区是怎样形成的？为什么是整个焊接接头的薄弱地带？

2. 什么是熔合比？影响熔合比的因素有哪些？它对焊缝金属有何影响？

3. 焊接熔池结晶的特点是什么？二次结晶的组织特征是什么？

4. 改善焊缝组织与性能的常用措施有哪些？

5. 对于低碳钢等不易淬火钢，焊接热影响区分为哪几个区域？其组织分别是什么？

6. 焊接热影响区的性能及特点是什么，改善焊接热影响区性能的途径有哪些？

项目 3　焊缝中气孔的产生与控制

焊接时熔池中的气泡在凝固时未能逸出而残留下来所形成的空穴，称为气孔。气孔是焊缝中常见的缺陷之一，它不仅出现在焊缝表面，也会出现在焊缝内部。而内部气孔不易发现，往往带来更大的危害。

气孔的存在首先影响焊缝的密封性（气密性和水密性），其次将减小焊缝的有效承载截面积。此外，气孔还将造成应力集中，显著降低焊缝的强度和韧性。实践证明，少量小气孔对焊缝力学性能无明显影响，但随其尺寸及数量的增加，焊缝的强度、塑性和韧性都将明显下降，对结构的动载强度有显著影响。因此，控制焊缝气孔的产生是保证焊缝质量的重要内容。

任务 3.1　气孔及其识别

3.1.1　焊接区内的气体

3.1.1.1　气体的来源

焊接过程中，焊接区内充满大量气体，其气体来源主要有以下几方面。

（1）焊接材料。焊条药皮、焊剂和药芯焊丝中的造气剂、高价氧化物和水分都是气体的重要来源。造气剂（如碳酸盐、淀粉、纤维素等）和高价氧化物在加热时发生分解，放出大量的气体（如二氧化碳、氢气、氧气等），若使用潮湿的焊条或焊剂焊接时，会析出大量的水蒸气。在气焊和气体保护焊时，焊接区内的气体主要来自所采用的燃气和保护气。一般情况下，焊丝和母材中因冶炼而残留的气体是很少的，对气相的成分影响不大。研究表明，焊接区内的气体主要来源于焊接材料。

（2）焊接周围的空气。热源周围的空气是一种难以避免的气源，因为不管何种焊接方法，都不能完全排除电弧周围的空气，此外焊接过程中某些因素的变化也会使空气侵入使得保护效果变差。据估算，焊条电弧焊时，侵入电弧中的空气占电弧区气体的3%左右。

（3）焊丝和母材表面的杂质。焊丝表面和母材坡口附近的铁锈、油污、油漆和吸附水等，在焊接时也会析出气体，并进入焊接区内。

（4）金属和熔渣蒸发产生的气体。在焊接过程中，除焊接材料中的水分发生蒸发外，金属元素和熔渣在电弧高温作用下也会发生蒸发，形成的蒸气进入气相中。

3.1.1.2　气体的高温分解

由于电弧的温度很高（5000K），来源于各种反应产生的气体都将进一步分解和电离，并对其在金属中的溶解或与金属的作用有很大影响。

（1）简单气体分解。简单气体是指 N_2、H_2、O_2 等双原子气体，它们受热获得足够能量后，分解为单个原子或离子和电子。N_2、H_2、O_2 双原子气体的分解度 α（已分解的分子数与原始分子数之比）与温度变化的关系如图 3-1 所示。

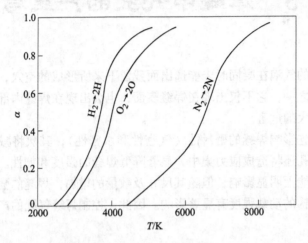

图 3-1　双原子气体的分解度 α 与温度的关系（$p = 101\text{kPa}$）

（2）复杂气体的分解。焊接过程中常见的复杂气体有 CO_2 和 H_2O，它们在焊接高温下也将发生分解。CO_2 和 H_2O 在不同温度下分解度与温度的关系如图 3-2 所示。

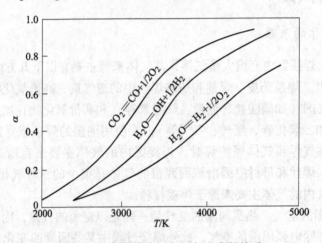

图 3-2　复杂气体分解度 α 与温度的关系

3.1.1.3　气孔形成过程

虽然不同的气体所形成的气孔不仅在外观与分布上各有特点，而且产生的冶金与工艺因素也不尽相同。但任何气体在熔池中形成气泡都是在液相中形成气相的过程，即服从于新相形成的一般规律，也由形核与长大两个基本过程所组成。

气孔形成的全过程是：熔池中吸收了较多的气体而达到过饱和状态→气体在一定条件下聚集形核→气泡核心长大为具有一定尺寸的气泡→气泡上浮受阻残留在凝固后的焊缝中而形成气孔。可见，气孔的形成是由气体被液态金属吸收、气泡成核、长大、浮出等几个环节共同作用的结果。

在极纯的液体金属中形成气泡核心是很困难的，所需形核功很大。而在焊接熔池中，半熔化晶粒及悬浮质点等现成表面的存在，使气泡形核所需能量大大降低。因此，焊接熔池中气泡的形核率较高。

气泡长大需要两个条件：一是气泡的内压足以克服其所受的外压；二是长大要有足够的速度，以保证在熔池凝固前达到一定的宏观尺寸。

在熔池中形成一定尺寸的气泡后，是否会形成焊缝中的气孔，取决于气泡能否从熔池中浮出。换言之，它是由气泡上浮速度与熔池在液态停留的时间两个因素而定的。

3.1.2　熔焊焊接接头常见气孔特征及分布

熔焊焊接接头中常见气孔特征及分布如表 3-1 所示。

表 3-1　熔焊焊接接头中常见气孔特征及分布

名称	特　征	分　布
气孔	（1）H_2 气孔的截面形状多为螺钉形，从焊缝表面看呈圆形喇叭形，其四周有光滑的内壁； （2）N_2 气孔与蜂窝相似，常成堆出现； （3）CO 气孔的表面光滑，像条虫状； （4）在含氢较高的焊缝金属中出现的鱼眼缺陷，实际上是圆形或椭圆形 H_2 气孔，在其周围分布有脆性扩展的裂纹，形成围绕气孔的白色环脆断区，形貌如鱼眼	（1）H_2 气孔出现在焊缝表面上； （2）N_2 气孔多出现在焊缝表面； （3）CO 气孔多产生于焊缝内部，沿其结晶方向分布； （4）横焊时，气孔常出现在坡口上部边缘，仰焊时常分布在焊道的接头部位及弧坑处

任务 3.2　氧气孔形成及控制措施

焊接时的氧主要来自电弧中氧化性气体（CO_2、O_2、H_2O 等），氧化性熔渣及焊件、焊丝表面的铁锈、水分、氧化物等。

根据氧与金属作用的特点，可把金属分为两类：一类是液、固都不溶解氧的金属，如 Mg、Al，但焊接时发生激烈氧化的金属，所形成的氧化物以薄膜或颗粒的形式存在，因此易造成夹杂、未焊透等缺陷，并影响焊接工艺性能；另一类是能有限溶解氧，同时焊接过程中也发生氧化的金属，如 Fe、Ni、Cu、Ti 等。后一类金属氧化后生成的金属氧化物能溶解于相应的金属中。因此必须采取措施防止氧进入焊缝金属，以减少对焊接质量的影响。

3.2.1　氧在金属中的溶解

研究表明，氧在电弧高温作用下会分解为原子，氧是以原子氧和 FeO 两种形式溶于液态铁中的。氧在金属铁中的溶解度与温度有关。氧在液态铁中的溶解度随着温度的升高而增大；反之溶解度急剧下降。当液态铁中有第二种合金元素时，随着合金元素含量的增加氧的溶解度下降。

在铁冷却过程中，氧的溶解度急剧下降。在室温下 α-Fe 中几乎不溶解氧（<0.001%）。因此，焊缝金属和钢中所含的氧绝大部分是以氧化物（FeO、SiO_2、MnO、Al_2O_3 等）和硅酸盐夹杂物的形式存在。焊缝含氧量是指总含氧量而言的，它既包括溶解的氧，也包括非金属夹杂物中的氧。

3.2.2　氧对焊接质量的影响

氧在焊缝中不论以何种形式存在，对焊缝金属的性能都有很大的影响，主要是降低力学、物理和化学性能、产生气孔及合金元素烧损等方面。

3.2.2.1　降低力学、物理和化学性能

随着焊缝含氧量的增加，其强度、塑性、韧性都明显下降，尤其是低温冲击韧度急剧下降，严重降低其力学性能，如图 3-3 所示。

氧还引起热脆、冷脆和时效硬化，氧还会降低焊缝金属的物理性能和化学性能，如降低导电性、导磁性和抗腐蚀性能。

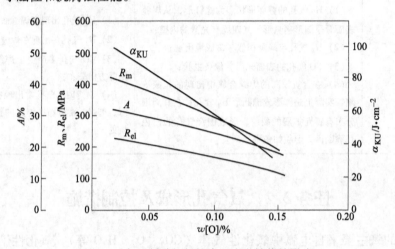

图 3-3　氧对低碳钢焊缝常温力学性能的影响

3.2.2.2　氧烧损钢中的有益合金元素使焊缝性能变差

氧使有益的合金元素烧损，使焊缝的力学性能达不到母材的水平。同时，熔滴中含氧和碳多时，它们相互作用生成的 CO 受热膨胀，使熔滴爆炸，造成飞溅，影响焊接过程的稳定性。

3.2.2.3　产生气孔

溶解在熔池中的氧与碳发生反应，生成不溶于金属的 CO，在熔池结晶时 CO 气泡来不及逸出就会形成气孔。

必须指出，焊接材料具有氧化性并不是在所有情况下都是有害的。相反，为了减少焊缝含氮量，改进电弧的特性，获得必要的熔渣物理化学性能，在焊接材料中有时要故意加入一定量的氧化剂。

3.2.3　氧化性气体对金属的氧化

焊接时金属的氧化是在各个反应区通过氧化性气体（如 O_2、CO_2、H_2O 等）和活性熔渣与金属相互作用实现的。

3.2.3.1　气相对焊缝金属的氧化

气相对焊缝金属的氧化是指气相中的氧化性气体 O_2、CO_2、H_2O 等对焊缝金属的氧化。

（1）自由氧对焊缝金属的氧化。在焊接低碳钢或低合金钢时，主要考虑铁的氧化物是 FeO。

焊条电弧焊时，虽然采取了气-渣联合保护措施，但空气中氧总是或多或少地侵入电弧，氧化反应式为：

$$[Fe] + \frac{1}{2}O_2 === FeO + 26.79kJ/mol$$

$$[Fe] + O === FeO + 515.76kJ/mol$$

由反应的热效应看，原子氧对铁的氧化比分子氧更激烈。

在焊接钢时，除铁发生氧化外，钢液中其他对氧亲和力比铁大的元素，如 C、Si、Mn 等也会发生氧化，其化学反应式为：

$$[C] + \frac{1}{2}O_2 === CO$$

$$[Si] + O_2 === (SiO_2)$$

$$[Mn] + \frac{1}{2}O_2 === (MnO)$$

（2）CO_2 对焊缝金属的氧化。焊条电弧焊时，药皮中的碳酸盐分解会产生 CO_2，CO_2 保护焊时，CO_2 本身就是保护介质。高温时，CO_2 将发生分解，分解的氧使铁氧化，其反应式为：

$$CO_2 === CO + \frac{1}{2}O_2$$

$$[Fe] + CO_2 === FeO + CO \uparrow$$

（3）H_2O 对焊缝金属氧化。焊接区的水蒸气在高温下发生分解，产生的氧也会对焊缝金属发生氧化作用，其化学反应式为：

$$H_2O + [Fe] === FeO + H_2$$

在相同条件下，CO_2 比 H_2O 的氧化性强。但是，水蒸气不仅使铁氧化，还会使焊缝增氢。

需要注意的是，焊条电弧焊时，气相不是单一气体，而是多种气体的混合物。因此，除单一气体的基本作用外，还要考虑各种气体之间的相互作用，从而分析出整个气相的氧化性大小。

3.2.3.2　熔渣对焊缝金属的氧化

（1）扩散氧化。FeO 由熔渣向焊缝金属扩散而使焊缝金属增氧的过程称为扩散氧化。

FeO 既溶于渣又溶于液态金属铁，在一定温度下平衡时，它在两相中的浓度符合分配定律。即：

$$L = \frac{w(\text{FeO})}{w[\text{FeO}]}$$

式中　　L——FeO 在熔渣和液态铁中的分配常数；

$w(\text{FeO})$——FeO 在熔渣中的质量分数；

$w[\text{FeO}]$——FeO 在液态铁中的质量分数。

在温度不变的情况下，不管是碱性渣还是酸性渣，当增加熔渣中 FeO 的浓度时，将促使 FeO 向熔池金属中扩散，使焊缝中的含氧量增加，即焊缝中的含氧量随着熔渣中 FeO 含量的增加成直线上升。

FeO 的分配常数 L 与温度和熔渣的性质有关。温度升高，L 减小，即在高温时 FeO 更容易向熔池金属扩散。所以，扩散氧化主要发生在熔滴阶段和熔池头部高温区。

在同样的温度下，FeO 在碱性渣中比在酸性渣中更容易向金属中分配。也就是说，在熔渣 FeO 浓度相同的情况下，碱性渣时焊缝含氧量比酸性渣时大，这种现象可用熔渣分子理论解释：碱性渣含 SiO_2、TiO_2 等酸性氧化物较少，FeO 的活度（可理解为有效浓度）大，易向金属中扩散，使焊缝增氧。正因如此，在碱性焊条药皮中一般不加含 FeO 的物质，并要求焊接时清除焊件表面上的氧化皮和铁锈，否则将使焊缝增氧并可能产生气孔等缺陷。这就是碱性焊条对铁锈和氧化皮敏感性大的原因。相反，酸性渣含 SiO_2、TiO_2 等酸性氧化物较多，它们与 FeO 形成复合物如 $FeO \cdot SiO_2$，使 FeO 活度减小，故在 FeO 含量相同的情况下，焊缝含氧量减少。

但是，不应由此认为碱性焊条的焊缝含氧量比酸性焊条高，恰恰相反，碱性焊条的焊缝含氧量比酸性焊条低，这是严格控制碱性渣中的 FeO 含量，又在药皮中加入较多的脱氧剂的缘故。

（2）置换氧化。焊缝金属与熔渣中易分解的氧化物发生置换反应而被氧化的过程，称为置换氧化。例如，用低碳钢焊丝配合高硅高锰焊剂（HJ431）进行埋弧焊时，发生一系列化学反应，即

$$(\text{SiO}_2) + 2[\text{Fe}] \Longrightarrow [\text{Si}] + 2\text{FeO}$$

$$(\text{MnO}) + [\text{Fe}] \Longrightarrow [\text{Mn}] + \text{FeO}$$

反应的结果使焊缝增加硅和锰，同时使铁氧化，生成 FeO 大部分进入熔渣，小部分溶于液态铁中，使焊缝增氧。温度升高，反应向右进行，焊缝增氧，因此置换氧化反应主要发生在熔滴阶段和熔池头部的高温区。

焊接低碳钢和低合金钢时，尽管上述反应使焊缝增氧，但因硅、锰含量同时增加，使焊缝性能仍能满足使用要求，所以以高硅高锰焊剂配合低碳钢焊丝广泛用于焊接低碳钢和低合金钢。但是，在焊接高合金钢时，焊缝中含氧量和含硅量增加，使它的抗裂性和力学性能特别是低温韧性显著降低。所以，要求药皮和焊剂中不加 SiO_2，并不用含硅酸盐的黏结剂，这是在研制焊接高合金钢及其合金焊条或焊剂时必须注意的。

1）焊件表面氧化物对金属的氧化。焊接时，焊件表面上的氧化皮和铁锈都对金属有氧化作用。

2）铁锈成分主要是 $m\text{Fe}_2\text{O}_3 \cdot n\text{H}_2\text{O}$。铁锈在高温下分解后 H_2O 进入气相，增加了气

相的氧化性，而 Fe_2O_3 和液态铁发生反应：

$$Fe_2O_3 + [Fe] = 3FeO$$

氧化皮的主要成分是 Fe_3O_4，它与铁也发生反应：

$$Fe_3O_4 + [Fe] = 4FeO$$

反应生成的这些 FeO 大部分进入熔渣，一部分进入焊缝使之增氧。因此，焊前清理焊件坡口边缘及焊丝表面的氧化物、油污等杂质，对保证焊接质量非常重要。

3.2.4 控制氧的措施

3.2.4.1 纯化焊接材料

在焊接某些要求比较高的合金钢、合金和活性金属时，应尽量用不含氧或含氧较少的焊接材料。

3.2.4.2 控制焊接工艺参数

焊缝中的含氧量与焊接工艺条件有密切关系。采用短弧焊、选用合适的气体流量等，都能防止空气侵入，减少氧与熔滴的接触，从而减少焊缝的含氧量增加。清理焊件及焊丝表面的水分、油污、锈迹，按规定温度烘干焊剂、焊条等焊接材料也是控制焊缝中含氧量的措施。此外，焊接电流的种类和极性以及熔滴过渡的特性等也有一定的影响。

焊接时，除采取措施防止金属氧化外，设法在焊丝、药皮、焊剂中加入一些合金元素，去除或减少已进入熔池中的氧，是保证焊缝质量的关键，这个过程称为焊缝金属的脱氧。用于脱氧的元素或合金叫脱氧剂。对焊缝金属脱氧是生产实际中行之有效的控制焊缝含氧量的办法。

（1）脱氧剂选择的原则。

1）脱氧剂在焊接温度下对氧的亲和力应比被焊金属的亲和力大。元素对氧的亲和力大小按递减顺序为：Al、Ti、Si、Mn、Fe。

在实际生产中，常用它们的铁合金或金属粉，如锰铁、硅铁、钛铁、铝粉等作为脱氧剂。元素对氧的亲和力越大，脱氧能力越强。

2）脱氧后的产物应不溶于液态金属而容易被排除入渣固定；脱氧后的产物熔点应较低，密度应比金属小，易从熔池中上浮入渣。

（2）焊缝金属的脱氧途径。脱氧反应是分阶段或区域进行的，按其进行的方式和特点有先期脱氧、沉淀脱氧和扩散脱氧三种方式。

1）先期脱氧。焊接时，在焊条药皮加热过程中，药皮中的碳酸盐（$CaCO_3$、$MgCO_3$）或高价氧化物（Fe_2O_3）受热分解放出 CO_2 和 O_2，这时药皮内的脱氧剂，如锰铁、硅铁、钛铁等便与其起氧化反应生成氧化物，从而使气相氧化性降低，这种在药皮加热阶段发生的脱氧方式称为先期脱氧。

先期脱氧的目的是尽可能早期地把氧去除，减少熔化金属氧化。先期脱氧是不完全的，脱氧过程和脱氧产物一般不和熔滴金属发生直接关系。

由于钛、铝对氧的亲和力很大，它们在先期脱氧过程中大部分被烧损，故它们主要用于先期脱氧，很难进行沉淀脱氧。由于药皮加热阶段的温度比较低、反应时间短，故先期脱氧是不完全的，需进一步脱氧。

2）沉淀脱氧。沉淀脱氧是利用溶解在熔滴和熔池中的脱氧剂直接与 FeO 进行反应脱氧，并使脱氧后的产物排入熔渣而清除。沉淀脱氧的对象主要是液态金属中的 FeO，沉淀脱氧常用的脱氧剂有锰铁、硅铁、钛铁等。

下面以酸、碱性焊条为例来分析沉淀脱氧原理酸性焊条（E4303）一般用锰铁脱氧；碱性焊条（E5015）一般用硅铁、锰铁联合脱氧。硅铁、锰铁的脱氧化学反应式如下：

$$2[FeO] + [Si] =\!=\!= (SiO_2) + 2[Fe]$$
$$[FeO] + [Mn] =\!=\!= (MnO) + [Fe]$$

Si 对氧的亲和力比 Mn 对氧的亲和力大，按理说脱氧作用比 Mn 强，那么为什么酸性焊条中，不用 Si 而必须用 Mn 来脱氧呢？这是由于酸性焊条的熔渣中含有大量的酸性氧化物 SiO_2 和 TiO_2，而用 Si 脱氧后的生成物也是 SiO_2，这些生成物无法与熔渣中存在的大量酸性氧化物结合成稳定的复合物而进入熔渣。所以，脱氧反应难以进行而无法脱氧。

而 MnO 是碱性氧化物，因此很容易与酸性氧化物结合成稳定的复合物（$MnO \cdot SiO_2$ 及 $MnO \cdot TiO_2$）而进入熔渣，所以脱氧反应易于进行，有利于脱氧。

碱性焊条，为何又不能用 Mn，而必须用 Si、Mn 来联合脱氧呢？这是因为碱性焊条（E5015）熔渣中含有大量的 CaO 等碱性氧化物。而 Mn 脱氧后的生成物 MnO 也是碱性氧化物，这些生成物无法与熔渣中存在的大量的碱性氧化物结合成稳定的复合物进入熔渣。如用 Si、Mn 来联合脱氧，则脱氧的产物是稳定的复合物 $MnO \cdot SiO_2$。实践证明，当 $[Mn]/[Si]=3\sim7$ 时，其密度小、熔点低、容易聚合为半径大的质点（如表 3-2 所示）浮到熔渣中去，从而降低焊缝中的含氧量，达到脱氧目的。

需要注意的是，硅的脱氧能力虽然比锰强，但生成的 SiO_2 熔点高，不易上浮，易形成夹杂，故一般不宜单独作脱氧剂。

表 3-2　金属中 $[Mn]/[Si]$ 值对脱氧产物质点半径的影响

$[Mn]/[Si]$	1.25	1.98	2.78	3.60	4.18	8.70	15.9
最大质点半径/mm	0.0075	0.0145	0.126	0.1285	0.1835	0.0195	0.006

3）扩散脱氧。利用 FeO 既能溶于熔池金属，又能溶解于熔渣的特性，使 FeO 从熔池扩散到熔渣，从而降低焊缝含氧量，这种脱氧方式称为扩散脱氧。扩散过程如下：

$$[FeO] \longrightarrow (FeO)$$

扩散脱氧是扩散氧化的逆过程。由温度与分配常数 L 的关系可知，温度下降，L 增加，有利于扩散脱氧进行，因此扩散脱氧是在熔池尾部的低温区进行的。

酸性焊条焊接时，由于熔渣中存在大量的 SiO_2、TiO_2 等酸性氧化物，作为碱性氧化物的 FeO 就比较容易从熔池扩散到熔渣中去，与之结合成稳定的复合物 $FeO \cdot TiO_2$、$FeO \cdot SiO_2$，从而降低了熔池中 FeO 的含量。所以，酸性焊条焊接以扩散脱氧作为主要脱氧方式。

碱性焊条焊接时，由于在碱性熔渣中存在大量的强碱性的 CaO 等氧化物，而熔池中的 FeO 也是碱性氧化物，因此扩散脱氧难以进行，所以扩散在碱性焊条中基本不存在。

由此可见，酸性焊条主要以扩散脱氧为主，碱性焊条主要以沉淀脱氧为主。

任务 3.3　氮气孔形成及控制措施

3.3.1　氮对焊缝金属的作用

焊接区周围的空气是气相中氮的主要来源。尽管焊接时采取了保护措施，但总有或多或少的氮侵入焊接区，与熔化金属发生作用。

根据氮与金属作用的特点，大致可分为两种情况：一种是不与氮发生作用的金属，如铜和镍等，它们既不溶解氮，又不形成氮化物，因此焊接这一类金属可用氮作为保护气；另一种是与氮发生作用的金属，如铁、锰、钛、铬等，它们既能溶解氮，又能与氮形成稳定氮化物，焊接这一类金属及其合金时，必须设法防止氮的有害作用。

3.3.1.1　氮在金属中的溶解

焊接时，氮在高温下发生分解，形成氮原子。

$$N_2 \longrightarrow 2N - 711.4kJ/mol$$

氮的分解与温度有关。在 5000K 时，它的分解度还很小，大部分以分子状态存在。由于碰撞电离的作用，在电弧气氛中还有氮离子存在。因此，气相中存在着氮的分子、原子和离子。氮在金属中的溶解一般认为有以下三种形式。

（1）以原子形式溶入。氮原子的半径比较小，能够以原子的形式溶入铁及其合金中。

气相中的氮的溶解过程与其他气体一样分为四步：首先，分子氮向气体-金属相界面上运动；其次，被熔滴和熔池前部的金属表面吸附；再次，在金属表面上分解为原子氮；最后，原子氮过渡到金属的表面层内，并向金属内部扩散。

图 3-4 所示为氮气在铁中的溶解度与温度的关系。从图中看出，氮在液态铁中的溶解度随温度的升高而增大；当温度为 2200℃ 时，氮的溶解度达到最大值 $47cm^3/100g$（0.059%）；继续升高温度溶解度急剧下降，至铁的沸点（2750℃）溶解度为零。同时还可以看出，当液态铁凝固时，氮的溶解度突然下降至 1/4 左右。

（2）通过 NO 形式溶入。试验表明，在含氮的氧化性介质中焊接，与在中性或还原性介质中焊接时相比，焊缝中的含氮量显著增加。这是因为当气相中同时存在氮和氧时，在电弧高温作用下，氮与氧在 1000℃ 时开始形成 NO，高温达到 3000℃ 时，NO 浓度达到最大值。当 NO 与温度较低的熔滴和熔池金属相遇时，分解为原子氮与氧而溶于金属中。

（3）通过离子形式溶入。在电弧焊的条件下，氮除通过上述化学过程向金属中溶解外，还可以通过电化学过程向金属溶解。

氮原子在阴极压降区受到高速电子的碰撞而离解为 N^+，在电场的作用下向阴极运动，并在阴极表面上与电子中和，溶入金属中。

由此可见，在不同的条件下，氮的溶解形式不同，如在还原气氛中气焊时，氮以原子形式溶解；在惰性焊时，则以原子和离子两种形式溶解；在氧化性保护气体介质中焊接，则上述三种形式同时存在。

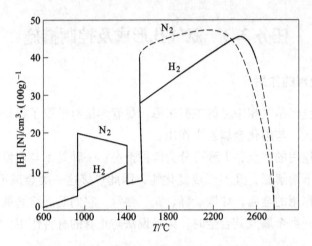

图 3-4　H_2、N_2 在铁中的溶解度与温度的关系

3.3.1.2　氮对焊接质量的影响

（1）形成气孔。在碳钢焊缝中，氮是有害的杂质，它是促使焊缝产生气孔的主要原因之一。如上所述，液态金属在高温时可以溶解大量的氮，而在其凝固时氮的溶解度突然下降。这时，过饱和的氮以气泡的形式从熔池中向外逸出，当焊缝金属的结晶速度大于它的逸出速度时，就形成气孔。

（2）降低焊缝金属的力学性能。氮是提高低碳钢和低合金钢焊缝金属强度、降低塑性和韧性的元素。室温下氮在 α-Fe 中的溶解度很小，仅为 0.001%。如熔池中含有较多的氮，则由于焊接时冷却速度很大，一部分氮将以过饱和的形式存在于固溶体中，另一部分氮则以针状氮化物（Fe_4N）的形式析出，分布于晶界或晶内，因而使焊缝金属的强度、硬度升高，塑性、韧性急剧下降。氮对焊缝金属力学性能的影响，如图 3-5 所示。

（3）时效脆化。氮是促进焊缝金属时效脆化的元素。焊缝金属中过饱和的氮处于不稳定的状态，随着时间的延长，过饱和的氮逐渐析出，形成稳定的针状 Fe_4N。这样就会使焊缝金属的强度上升，而韧性和塑性下降。在焊缝金属中加入能形成稳定氮化物的元素，如钛、铝和锆等，可以抑制或消除时效脆化现象。

3.3.1.3　控制焊缝中含氮量的措施

（1）加强焊接区的保护。氮不同于氧，一旦进入液态金属脱氮就比较困难，由于氮气主要来源于空气，所以控制氮的主要措施是加强保护，防止空气与液态金属发生作用。

（2）选择正确的焊接工艺参数。焊接工艺参数对电弧和金属的温度、气体的分解程度、气体与金属间的作用时间和接触面积等都有较大的影响，因而必然影响焊缝金属的含氮量。

增加电弧电压即增加电弧长度，导致保护变差，氮与熔滴的作用时间增长，故使焊缝金属的含氮量增加，如图 3-6 所示。在熔渣保护不良的情况下，电弧长度对焊缝含氮量的影响尤其显著。为减少焊缝中的气体含量，应尽量采用短弧焊。

增加焊接电流，熔滴过渡频率增加，氮与熔滴的作用时间缩短，增加焊丝伸出长度，

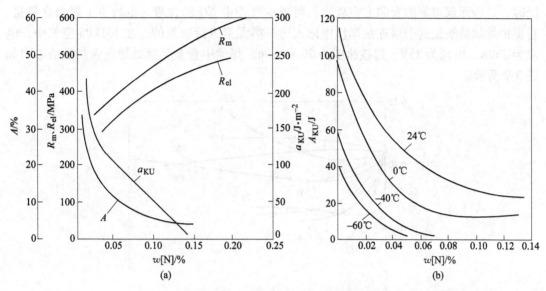

图 3-5　氮对焊缝金属力学性能的影响

（a）常温强度及塑性；（b）低温韧性

降低熔滴过热等都可使焊缝金属含氮量下降。

此外，直流正极焊接时焊缝含氮量比反极性时高；多层焊的焊缝含氮量比单层焊时高等，都必须引起注意。

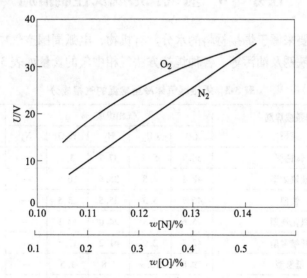

图 3-6　焊条电弧焊时电弧电压对焊缝含氮量与含氧量的影响

（3）控制焊接材料中的合金元素。增加焊丝或药皮中含碳量可降低焊缝中的含氮量。这是因为碳能够降低氮在铁中的溶解度，碳氧化生成一氧化碳、二氧化碳加强了焊接区保护，碳氧化引起的熔池沸腾有利于氮逸出。

在焊丝中加入一定量的合金元素（如钛、铝、锆等）可以减少焊缝中的含氮量。因为这些元素对氮的亲和力较大，能形成稳定的氮化物，且它们不溶于液态金属而进入熔渣。

同时，这些元素对氧的亲和力也较大，可减少气相中 NO 的含量，也减少了焊缝含氮量。自保护焊就是根据这个道理在焊丝中加入这一类元素进行脱氮的。在 101kPa 空气中，电流为 250A，电压为 25V，焊接速度为 20cm/min，焊丝中合金元素对焊缝含氮量的影响如图 3-7 所示。

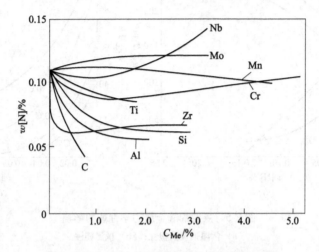

图 3-7　焊丝中合金元素对焊缝含氮量的影响

任务 3.4　氢气孔形成及控制措施

焊接时，氢主要来源于焊接材料的水分、有机物，电弧周围空气中的水蒸气，焊丝和母材坡口表面上的铁锈及油污等。各种焊接方法气相中氢的含量如表 3-3 所示。

表 3-3　焊接区气体冷至室温的气相成分

焊接方法	焊条或焊剂类型	气相组成/%					备注
		CO	CO_2	H_2	H_2O	N_2	
焊条电弧焊	钛钙型	50.7	5.9	37.7	5.7	—	焊条经 110℃烘干 2h、焊剂为玻璃状时，焊接低碳钢，抽取焊接区气体，冷却至室温后分析
	钛铁矿型	48.1	4.8	36.6	10.5	—	
	钛型	46.7	5.3	35.5	13.5	—	
	氧化铁型	55.6	7.3	24.0	13.1	—	
	纤维素型	42.3	2.9	41.2	12.6	—	
	低氢型	79.8	16.9	1.8	1.5	—	
埋弧焊	焊剂 330	86.2	—	9.3	—	4.5	
	焊剂 431	89~93	—	7~9	—	<1.5	
气焊	$O_2/C_2H_2 = 1.1~1.2$（中性焰）	60~66	有	34~40	有		

根据氢与金属相互作用的特点，可以把金属分为两类。

第一类是能形成稳定氢化物的金属，如 Zr、Ti、V、Ta 等。这些金属吸收氢的反应是放热反应，因此在较低温度下吸氢量大，在高温时吸氢量少。这些金属在吸氢不多时，与氢形成固溶体；在吸氢较多时，则形成氢化物（ZrH_2、TiH_2、VH、TaH、NbH_2）。在温度为 300~700℃范围内，这类金属在固态下可吸收大量的氢；温度升高时，氢化物分解，由金属中析出氢气。因此，焊接这类金属及其合金时，必须防止在固态下吸收大量的氢，否则将严重影响焊接接头的质量。

第二类是不形成稳定氢化物的金属，如 Fe、Ni、Cu、Cr、Mo 等。但氢能够溶于这类金属及其合金中，溶解反应是吸热反应。氢的溶解度与这类金属的结构及其温度有关。

3.4.1　氢在金属中的溶解

3.4.1.1　氢在金属中的溶解度

在高温下，气相中 H_2 将分解为氢原子和离子。

$$H_2 \longrightarrow 2H - 432.9kJ/mol$$

$$H_2 \longrightarrow H + H^+ + e - 1745kJ/mol$$

从反应的热效应看，氢分子分解为原子所需的能量较少，因此氢分子分解为原子比分解为离子的可能性大，即气相中 H^+ 数量很少。由图 3-1 可知，氢的分解度随温度的升高而增加。在弧柱区，温度在 5000K 以上，分解度超过 90%，氢主要以原子的形式存在；而在熔池尾部，温度仅有 2000K 左右，氢主要以分子形式存在。

（1）氢的溶解方式。焊接方法不同，氢向金属中溶解的途径也不同。在气体保护焊时，氢是通过气相与液态金属的界面以原子或质子的形式溶入金属的；这是因为熔渣中氢多是以 OH^- 形式存在，经与铁离子交换电子形成氢原子而溶入金属；此外，溶解在渣中部分原子氢，通过熔池对流和搅拌达到金属表面，然后溶于金属。

（2）氢的溶解度。氢在铁中的溶解度与温度有关。在常温常压下，氢在固态铁中的溶解度极小，小于 0.6mL/100g。随着温度的上升，溶解度增加，在 1350℃时为 10.1L/100g。氢的溶解度与温度的关系如图 3-3 所示。从图中可以看出，氢的溶解度在液态凝固成固态时急剧下降。

此外，氢的溶解度还与金属的结构有关。氢在面心立方晶格中的溶解度比在体心立方晶格中的溶解度要大得多。

3.4.1.2　氢在金属中的扩散

在焊缝金属中，氢大部分是以 H、H^+ 形式存在的，它们与焊缝金属形成间隙固溶体。由于氢的原子和离子的半径很小，这一部分氢可以在焊缝金属的晶格中自由扩散，故称之为扩散氢。还有一部分氢扩散聚集到金属的晶格缺陷、显微裂纹和非金属夹杂物边缘的空隙中，结合为氢分子，因其半径增大，不能自由扩散，故称之为残余氢。对第二类金属来说，扩散氢占 80%~90%，因此它对接头性能的影响比残余氢大；而对于第一类金属，以氢化物的形式存在，形成稳定的化合物。

焊缝金属的含氢量不是一成不变的，随着放置时间的增加，一部分扩散氢会从焊缝中逸出，一部分变为残余氢。因此，扩散氢量减少，残余氢量增加，而总氢量下降，如图 3-8 所示。通常所说的焊缝含氢量，是指焊后立即按标准方法测定并换算为标准状态下的含氢量。

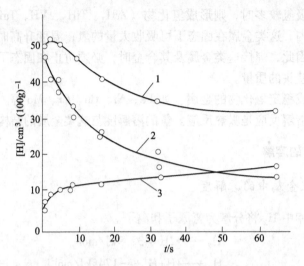

图 3-8　焊缝中含氢量与焊后放置时间的关系
1—总氢量；2—扩散氢；3—残余氢

用各种焊接方法焊接低碳钢时，焊缝金属中的含氢量不同，如表 3-4 所示。由表可看出，所有焊接方法都使焊缝金属增氢，都大于低碳钢母材和焊丝的含氢量（一般为 0.2～0.5mL/100g）。焊条电弧焊时，用低氢型焊条焊接的焊缝含氢量最低；埋弧焊更低些；二氧化碳保护焊含氢量最低，是一种超低氢的焊接方法。

表 3-4　焊接碳钢时焊缝金属中的含氢量

焊接方法		扩散氢 /mL·$(100g)^{-1}$	残余氢 /mL·$(100g)^{-1}$	总量氢 /mL·$(100g)^{-1}$	备注
焊条电弧焊	纤维素型	35.8	6.3	42.1	40～50℃停留 48～72h 测定扩散氢；真空加热测定残余氢
	钛型	39.1	7.1	46.2	
	钛铁矿型	30.1	6.7	36.8	
	氧化铁型	32.3	6.5	38.8	
	低氢型	4.2	2.6	6.8	
埋弧焊		4.40	1～1.5	5.9	
CO_2 保护焊		0.04	1～1.5	1.54	
氧乙炔气焊		5.00	1～1.5	6.5	

3.4.1.3　氢对焊接质量的影响

氢是还原性气体，它在电弧气氛中有助于减少金属的氧化。在氩弧焊焊接高合金钢时，氩弧中加入少量的氢可以改善焊接工艺性能。但在大多数情况下，氢的有害作用是主要的。

氢的有害作用可分为两类：一类是暂态现象，包括氢脆、白点、硬度升高等，这类现象的特点是经过时效或热处理之后，氢能从焊接接头中逸出，即可消除；另一类是永久现象，包括气孔、裂纹等，这类现象一旦出现是不可消除的。

（1）氢脆。金属中因吸收氢而导致塑性严重下将的现象称为氢脆。氢对钢的强度没有明显影响，但其塑性，特别是伸长率、断面收缩率随含氢量增加而显著下降，如图3-9所示。若对焊缝金属进行去氢处理，其塑性可以基本恢复。

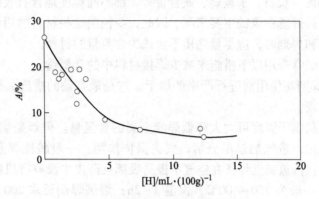

图 3-9　含氢量对低碳钢塑性的影响

氢脆现象是溶解在金属晶格中的氢引起的。在试样拉伸过程中，金属中的位错发生运动和堆积，结果形成显微空腔。与此同时，溶解在晶格中的原子氢不断地沿着位错运动的方向扩散，最后聚集到显微空腔内，结合为分子氢。这个过程的发展使空腔内产生很高的压力，导致金属变脆。

氢脆与焊缝金属的含氢量，试验温度及焊缝金属的组织结构等有关。焊缝含氢量越高、氢脆的倾向越大。氢脆只有在一定的试验温度范围内（如室温）才明显表现出来。因为温度较高时，氢可以迅速扩散外逸，而温度很低时，氢的扩散速度很小，来不及扩散聚集。另外，氢脆也与金属组织有关，在马氏体中氢脆最严重，而在奥氏体中氢脆不明显。

（2）白点。对于碳钢或低合金钢焊缝，如含氢量较高，则常常在其拉伸或弯曲试样的断面上，出现银白色圆形局部脆断点，称之为白点。白点的直径一般为 0.5～3mm，其周围为韧性断口，故用肉眼即可辨认。在大多情况下，白点的中心有小夹杂物或气孔，好像鱼眼一样，故又称鱼眼，如果焊缝金属产生了白点，则其塑性将大大降低。若预先对焊件进行消氢处理，则不会出现白点。

焊缝金属对白点的敏感性与含氢量、金属的组织等因素有关。试样含量越多，则出现白点的可能性越大。纯铁素铁和奥氏体钢焊缝不出现白点。前者是因为氢在其中扩散快，易于逸出；后者是因为氢在其中的溶解度大，且扩散很慢。碳钢和用 Cr、Ni、Mo 合金化的焊缝，尤其是这些元素含量较大时，对白点很敏感。

（3）气孔。如果熔池吸收了大量的氢，在熔池凝固结晶时，由于氢的溶解度发生突变（见图3-4），必然发生氢由固态向液态中聚集，而在液态中形成过饱和状态。这时，部分原子氢将结合为分子氢进而形成气泡。当气泡外逸速度小于结晶速度时，就留在焊缝中形成了气孔。

（4）产生冷裂纹。冷裂纹是焊接接头冷却到较低温度时产生的一种裂纹，其危害很大。氢是产生冷裂纹的因素之一，焊缝含氢量越高，产生冷裂纹倾向越大。

3.4.1.4　控制氢的措施

（1）限制焊接材料中的含氢量。制造焊条、焊剂、药芯焊丝用的各种材料，如有机物、天然云母、白泥、长石、水玻璃、铁合金等，都不同程度地含有吸附水、结晶水、化合水或溶解的氢，是焊缝中氢的主要来源。因此，要控制这些材料的用量，特别是制造低氢和超低氢型焊条和焊剂时，应尽量选用不含或少含氢量的材料。

在焊接生产中经常采用以下措施来减少焊接材料中的含氢量。

1）对焊条、焊剂在使用前进行严格的烘干。这是最有效的措施，特别是使用低氢型焊条时，切不可忽视。

试验表明，升高烘干温度可大大降低焊缝金属的含氢量。但焊条烘干温度不可过高，否则铁合金将被氧化，造气剂过早分解，失去保护作用。一般酸性焊条烘干温度为 75～150℃，时间 1～2h；低氢碱性焊条在空气中极易吸潮且药皮中没有有机物，因此烘干温度较酸性焊条高些，一般为 350～400℃，保温 1～2h；熔炼焊剂要求 200～250℃ 下烘干 1～2h；烧结焊剂应在 300～400℃ 下烘干 1～2h。此外还要注意温度、时间配合问题。烘干温度和时间相比，温度较为重要，如果烘干温度过低，即使延长烘干时间其烘烤效果也不佳。焊条、焊剂烘干后应立即使用，或放在保温筒（或箱）中，以免再次吸潮。

2）存放焊接材料时，加强防潮。如焊接材料应放在离地 300mm 以上的木架上；焊接材料一级库内应配有空调设备和去湿机，保证室温在 5～25℃ 之间，相对湿度低于 60% 等。这是因为焊条、焊剂在大气中长期放置会吸潮，不仅使焊缝含氢量增加，而且使焊接工艺性能变坏，抗裂性能下降。

另外，焊接保护气体，如 Ar 和 CO_2 等也常含有水分。为限制焊缝含氢量，就要严格控制保护气体中的含水量，必要时可采取脱水、干燥等措施。

3）清除焊丝和焊件表面上的杂质。焊丝和焊件坡口表面上的铁锈、油污、吸附的水分以及其他含氢物质是增加焊缝含氢量的又一主要来源，因此焊前应仔细清理。为了防止焊丝生锈，通常在焊丝表面进行镀铜处理。

焊接铜、铝、镁合金、钛及其合金时，因其表面常形成含氢的氧化物薄膜，如 $Al(OH)_3$、$Mg(OH)_2$ 等，所以必须采用机械或化学方法进行清理，否则由于氢的作用可能产生气孔、裂纹等缺陷。

（2）冶金处理。冶金处理就是通过调整焊接材料的成分，通过冶金作用使氢在焊接过程中生成比较稳定的、不溶于液态金属的氢化物，如 HF、OH 等，从而降低氢在液态金属中的溶解度，达到降低焊缝中的氢含量。

1）在药皮和焊剂中加入氟化物。在焊条药皮或焊剂中加入氟化物，如 CaF_2、MgF_2 等可以不同程度地降低焊缝含氢量，其中应用最广的是 CaF_2。试验证明，当药皮中 CaF_2 含量低于 7%～8% 时，随着 CaF_2 含量增加，可使焊缝含氢量急剧减小；当其含量超过这个值时，其去氢的作用不再增大。其去氢机理大部分人认为是 CaF_2 与 H 或水蒸气进行反应生成稳定的 HF 所致。

在高硅高锰焊剂中加入适当比例的 CaF_2 和 SiO_2 可显著降低焊缝的含氢量。CaF_2 和 SiO_2 共同作用去氢，可认为是经过下列反应最终形成 HF 的结果：

$$2CaF_2 + 3SiO_2 = SiF_4 + 2CaSiO_3$$

$$SiF_4 + 2H_2O =\!=\!= 4HF + SiO_2$$
$$SiF_4 + 3H =\!=\!= 3HF + SiF$$

反应生成的 HF 扩散到大气中，因而能降低焊缝中的氢含量。

2）控制焊接材料的氧化势。因为氧化性气体和熔渣可夺取氢生成高温稳定的 OH 而去氢。其反应式为：

$$CO_2 + H =\!=\!= CO + OH$$
$$O + H =\!=\!= OH$$
$$O_2 + H_2 =\!=\!= 2OH$$

低氢型焊条药皮中含有很多的碳酸盐，它们受热分解析出 CO_2，可通过反应生成 OH 去氢；CO_2 焊时，尽管其中含有一定的水分，但焊缝中的含氢量很低，其原因就在于 CO_2 气体具有氧化性；氩弧焊焊接不锈钢、铝、铜和镍时，为了消除气孔、改善工艺性能，常在氩气中加入 5% 左右的氧气，就是以此为理论依据的。

（3）控制焊接工艺参数。焊条电弧焊时，在其他焊接参数不变的情况下，增大焊接电流使熔滴吸收的氢量增加；增加电弧电压使焊缝含氢量有所减少。气体保护焊时，采用射流过渡，与滴状过渡形式相比，可降低焊缝中的含氢量。

电弧焊时，电流种类和极性对焊缝含氢量也有影响，如图 3-10 所示。用交流电焊接时，焊缝含氢量比用直流电焊接时多；采用直流反接焊接时，焊缝含氢量比采用正接焊时少。正极性与反极性焊缝含氢量的不同可以用图 3-11 来解释。当直流正接时，电弧中的 H^+ 向阴极运动，阴极为高温的熔滴，氢的溶解度较大；反接时，H^+ 仍向阴极运动，但这时阴极是温度较低的熔池，氢的溶解度减少。交流焊接时，由于电流作周期性变化，使弧柱温度作周期性变化，在电流通过零点的瞬时，弧柱温度都要迅速下降，故引起周围气氛的体积变化，在气体膨胀收缩时，熔滴就有更多机会接触气体，因而气孔的倾向增大。

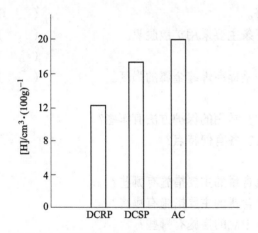

图 3-10　电流种类和极性对焊缝含氢量的影响

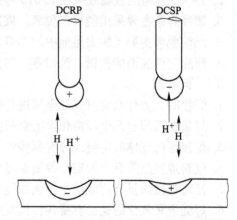

图 3-11　正极性与反极性含氢量的不同

（4）焊后脱氢处理。焊后加热焊件，促使氢扩散外逸，从而减少接头中含氢量的工艺叫脱氢处理。如图 3-12 所示。一般把焊件加热到 350℃ 以上，保温 1h，几乎可以将扩散氢全部去除。在生产上，对于易产生冷裂纹的焊件常要求进行脱氢处理。

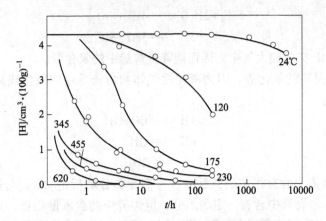

图 3-12　焊后脱氢处理对焊缝含氢量的影响

　　由于氢在奥氏体中的溶解度大，焊缝中扩散氢很低，故对奥氏体钢焊缝没有必要进行脱氢处理。

 ## 思 考 题

3-1　填空题

1. 焊接区中的氧主要来自____、____、____和_____。
2. 焊接区中的氢主要来自____、____、____和_____。
3. 焊缝金属脱氧的主要途径有____、____和_____。

3-2　判断题

1. 由于硅、锰的脱氧效果不如钛、铝，所以焊接常用的脱氧剂是钛、铝。　　　（　　）
2. E4303 焊条的脱硫效果比 E5015 焊条好。　　　　　　　　　　　　　　（　　）
3. 酸性焊条主要采用脱氧剂脱氧，碱性焊条主要采用扩散脱氧。　　　　　（　　）
4. 沉淀脱氧主要是脱去熔池中的 FeO。　　　　　　　　　　　　　　　（　　）
5. 清除焊件表面的铁锈、油污等，其目的是提高焊缝金属的强度。　　　　（　　）

3-3　问答题

1. 焊接时，为什么要对焊缝金属进行保护？常用的保护方法有哪些？
2. 焊条电弧焊有几个焊接化学冶金反应区？各有何特点？
3. 焊接区内气体的主要来源有哪些？
4. 氢对焊接质量有何影响？控制焊缝中氢含量的主要措施有哪些？
5. 氮对焊接质量有何影响？控制焊缝中氮含量的主要措施有哪些？
6. 焊缝金属氧化的途径有哪些？控制焊缝中氧的措施有哪些？

项目 4 焊缝中的夹杂物

焊缝中的夹杂物是焊接冶金反应产生的、焊后残留在焊缝金属中的微观杂质，是焊缝中常见的缺陷之一。形状不同、大小不一的杂质，不但对焊接接头的强度、塑性有很大的影响，而且会造成严重的应力集中。所以，在实际生产中，防止焊缝中产生夹杂物是非常重要的。

本章的重点是熟记焊缝中夹杂物的类型以及不同类型夹杂物对焊缝的危害；难点是掌握控制焊缝夹杂物的措施和工艺原理；夹杂物的鉴定方法是拓展内容。

任务 4.1 焊缝中夹杂物的类别及危害

所谓夹杂，是焊缝中存在固体异物的现象。金属中存在夹杂物，不仅降低焊缝的强度和韧性，增大焊缝的低温脆性，还会增大热裂纹和层状撕裂的倾向，严重影响了焊接接头的力学性能。

焊缝中的夹杂物主要有两类，一类是金属夹杂，指的是金属颗粒残留在焊缝中形成的夹杂，例如在焊接时使用铜垫板，不慎局部熔化而使铜进入焊缝，就会形成夹铜；在 TIG 焊时，如果焊接电流过大，致使钨极熔化进入焊缝金属时就会形成夹钨。另一类是非金属夹杂，指的是焊接冶金反应产生的、焊后残留在焊缝中的微观非金属杂质。

焊缝中常遇到的夹杂物有以下三种。

4.1.1 氧化物

在金属材料焊接过程当中，氧化物夹杂总是或多或少存在，其形貌如图 4-1 所示，简单氧化物有 FeO、Fe_2O_3、MnO、SiO_2、Al_2O_3、MgO 和 Cu_2O 等。

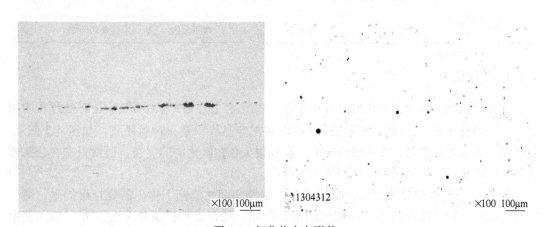

$\times 100 \quad 100\mu m$ 1304312 $\times 100 \quad 100\mu m$

图 4-1 氧化物夹杂形貌

　　以药芯焊丝在造船、机车车辆和钢结构制造中的应用为例,对国内多种药芯焊丝进行的工艺性能试验,发现焊缝金属中的氧化物杂物偏多,从而使焊缝中的气孔和热裂纹倾向增大。在正常条件下施焊,单面焊的打底层焊道中出现了较为严重的球状氧化物。这是由于在药芯焊丝 CO_2 气体保护焊时,因 CO_2 气体保护焊属于强氧化性气氛焊接,其焊接化学冶金过程的特点,特别是焊接化学冶金系统的不平衡性,使焊接过程中脱氧不足或不完全,所以导致焊接冶金反应产生的非金属夹杂物主要是氧化夹杂物。这种氧化夹杂物主要分布在焊缝柱状晶晶内,也有的分布在晶界。由于氧化夹杂物的熔点比铁的熔点低,所以在焊缝的冷却过程中聚合成球状,成为球状氧化物。

　　在焊接过程当中,熔池的脱氧越完全,氧化物夹杂的数量就越少。试验证明,氧化物的夹杂主要是焊缝形成过程当中冶金反应时产生的,只有少量的夹杂是由工艺和操作不当造成的。

　　氧化物夹杂的熔点比母材金属低,这种夹杂物如果以块状或片状密集分布时,常会引起热裂纹,在母材中也容易形成层状撕裂。如使用 E5016 焊条焊接 14MnMoVN 铜时,焊缝中的硅酸盐夹杂物就会引起裂纹。

　　在铸钢中,进行脱氧反应时,比较常见的氧化物夹杂包括 SiO_2 和 Al_2O_3。在焊条电弧焊和埋弧焊焊接低碳钢时,氧化物主要是 SiO_2,其次是 MnO、TiO_2、Al_2O_3 等,一般多以硅酸盐的形式存在,这类夹杂物有 $2FeO \cdot SiO_2$(铁硅酸盐)、$2MnO \cdot SiO_2$(锰硅酸盐)和 $CaO \cdot SiO_2$(钙硅酸盐)等,硅酸盐夹杂物的分布及特征如表 4-1 所示。

表 4-1　硅酸盐夹杂物分布及其在光学显微镜下的特征

夹杂物名称	形状及分布	明场	暗场	偏光
$2FeO \cdot SiO_2$	多为玻璃质,球状任意分布,稍变形,变形后纺锤状	深灰色,球体中的环圈反光而中心有亮点	透明,色由淡黄到褐色	各向异性,透明呈玻璃状时各向同性
$2MnO \cdot SiO_2$	多为玻璃质,球状任意分布,易变形,变形后伸长	深灰色	透明,由玫瑰到暗色	各向异性,透明呈玻璃状时各向同性
SiO_2	球状	深灰色	透明无色	各向同性

4.1.2　氮化物

　　在低合金钢、低碳钢的焊接过程中形成的氮化物主要是 Fe_4N。Fe_4N 是时效过程中由过饱和固溶体析出的,以针状分布在晶粒上或贯穿晶界,是一种脆硬相,如图 4-2 所示。氮气的主要来源是空气,在一般情况下,焊缝很少存在氮化物的夹杂,通常只有在长弧焊接、电弧不稳定、熔池保护不好的情况下形成。

　　Fe_4N 是一种脆硬的化合物,会使焊缝的塑性和韧性急剧下降。需要指出的是,氮化物具有强化作用,可以使焊缝的硬度增高,所以,现在已经把氮作为合金元素加入到钢中,如果钢中的 Mo、V、Nb 等元素能与氮形成弥散状的氮化物,就能在不损失过多韧性的情况下，大幅度地提高强度。经过热处理后，使钢具有更加良好的力学性能。

4.1.3　硫化物

硫化物夹杂的来源包括母材、焊丝、焊条药皮或焊剂等。硫在铁中的溶解度在不同温度下差异较大，随着温度的降低，溶解度逐渐减小，在冷却过程当中，硫就从过饱和的固溶体中析出，成为硫化物夹杂，如图 4-3 所示。

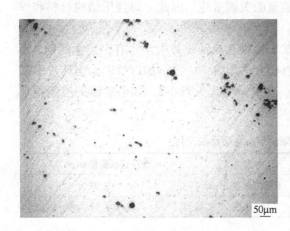
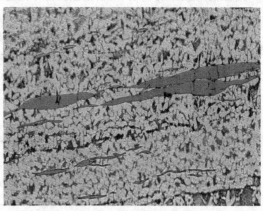

图 4-2　氮化物夹杂形貌　　　　　　　　　图 4-3　硫化物夹杂形貌

硫通常以两种形式存在于焊缝中，即 MnS、FeS。MnS 与液态铁几乎不相溶，在焊接冶金过程中可以浮到熔渣中去，从而达到脱硫的目的。即使有少量的 MnS 以夹杂物的形式存在于焊缝中，也由于其熔点较高（1610℃），并以弥散质点的形式分布，对焊缝金属力学性能危害较小。而当硫以 FeS 的形式存在时危害较大，因为 FeS 与铁在液态可以无限互溶，固态中的溶解度则急剧下降，在熔池结晶时容易发生偏析，与 Fe 或 FeO 形成低溶共晶，这是引起焊接热裂纹的因素之一。同时硫化物夹杂的存在还会降低冲击韧度和抗蚀性，所以要严格控制焊缝中的含硫量。一般情况下，要求低碳钢焊缝的含硫量小于0.035%，合金钢焊缝的含硫量小于 0.025%。

值得注意的是，硫化物夹杂和氮化物夹杂一样，对焊缝力学性能并不全是负面影响。试验发现，当钢中的含硫量几乎为零时，反而容易引起裂纹。因为硫化物具有溶氢的作用，可以减少氢的聚集，所以，微量的硫化物，可以降低氢的有害作用，提高焊缝的抗裂性能。

任务 4.2　焊缝夹杂物的控制

焊缝中若存在较多的夹杂物，会直接影响焊接头的性能，增加脆性和热裂倾向，并降低焊接接头的塑性和耐蚀性能。因此，应当采取必要的措施以防止或消除这种有害的夹杂物。

4.2.1　焊缝金属脱硫措施

4.2.1.1　限制焊接材料中的含硫量

焊缝金属中的硫主要来源于三个方面：一是母材，其中的硫在焊接过程中几乎全部过渡到焊缝中去；二是焊丝，焊接时约有 70%~80% 的硫可以过渡到焊缝中去，但母材与焊丝中的含硫量都比较少；三是药皮或焊剂，其中约有 50% 的硫可以过渡到焊缝中。可见，严格控制焊接原材料的含硫量是限制焊缝含硫量的关键措施。因此，焊接用结构材料和焊丝用钢的含硫量都应有明确的规定。

在药皮和焊剂的原材料，如钛铁矿、锰矿、锰铁、赤铁矿等中常含有一定量的硫，而且含量变化幅度较大，对焊缝金属的含硫量有很大的影响，应严格加以控制。当药皮中某些组成物含硫过高时，可预先进行熔烧处理，含硫量变化见表 4-2。如果对硫的控制要求更严格时，可对原材料再提纯。

表 4-2　TiO_2、CaF_2 熔烧前后含硫量的变化

材料	原含硫量 $w(S)/\%$	处理方法	处理后含硫量 $w(S)/\%$
TiO_2	0.14	1000℃熔烧25min	0.07
CaF_2	0.32	熔烧	0.13

4.2.1.2　冶金方法脱硫

为了减少焊缝中的含硫量，可以选择加入对硫亲和力比较强的金属进行脱硫。由硫化物的生成自由能可知，Ca、Mg 等元素在高温下对硫有很大的亲和力。但是它们对氧的亲和力比对硫的亲和力要大得多，所以首先被氧化，所以使用这些元素进行脱硫就受到了限制。在焊接冶金过程中，通常使用锰作为脱硫剂，脱硫反应为：

$$[FeS] + [Mn] \Longrightarrow (MnS) + [Fe]$$

除此之外，熔渣中的碱性氧化物，如 MnO、CaO 等也能进行脱硫。脱硫反应如下：

$$[FeS] + (MnO) \Longrightarrow (MnS) + (FeO)$$

$$[FeS] + (CaO) \Longrightarrow (CaS) + (FeO)$$

生成的 CaS 和 MnS 不溶于钢液而进入熔渣。由质量作用定律可知，增加渣中 MnO 和 CaO 的含量，减少 FeO 的含量，有利于脱硫。增加熔渣的碱度可以调高脱硫能力。

4.2.2　焊缝夹杂物的控制措施

焊缝中如果存在较多较大的夹杂物，会直接影响焊接接头的性能，所以，应该采取必要的措施防止或消除有害的夹杂物。一般来说，分布均匀、微小的夹杂物对焊接接头塑性、韧性影响较小，有的甚至还能提高焊接接头的强度，所以不做重点考虑。

防止和消除有害夹杂物主要从以下两个方面来入手：

4.2.2.1　工艺措施

（1）选用合适的线能量，保证熔池有必要的存在时间。高温熔池存在时，熔渣易于流

动和上升，为夹杂物从熔池中浮出创造条件，减少形成夹杂的条件。

（2）多层焊时，每一层焊缝焊完时，必须彻底清理焊缝表面的焊渣，以防止残留的焊渣在焊接下一层焊缝时进入溶池而形成夹杂物。

（3）焊条电弧焊时，焊条做适当摆动以利于夹杂物的浮出。

（4）施焊时注意保护溶池，控制电弧长度；埋弧焊时应保证焊剂有足够的厚度；气体保护焊时要有足够的气体流量等，以防止空气中的氧、氮进入到焊缝。

4.2.2.2 冶金措施

（1）严格限制焊接材料中硫和夹杂物的含量。对焊接原材料中的杂质含量加以控制，可以在来源上有效控制夹杂物的数量。

（2）正确选择渣系，使之更好地进行脱硫和脱氧。不同碱度精炼渣系会影响钢中夹杂物成分。例如采用低碱度精炼工艺时，夹杂物中 Al_2O_3 含量较低，SiO_2 含量较高。

任务 4.3　钢中非金属夹杂物的鉴定方法

夹杂物的鉴定分为宏观鉴定和微观鉴定。宏观鉴定的方法有探伤法、低倍检验等。本节主要介绍的是微观鉴定方法，包括金相分析法、电子光学方法（电子探针、扫描电镜附能谱仪分析）等。另外还可利用电解分离法分离出夹杂物，测定夹杂物的化学组成及含量。

4.3.1　常见的微观鉴定法

（1）金相分析法。金相分析法是夹杂物定性及定量分析应用最为广泛的一种方法，即利用金相显微镜进行比对或计算的方法测定钢中夹杂物的含量，除此之外，还能够鉴别夹杂物的类型、形状、大小和分布。

（2）明场鉴定法。在明场下，主要研究夹杂物的形状、大小、分布、数量、表面色彩、反光能力、结构、磨光性和可塑性等，通常在放大 100~500 倍下进行。

（3）暗场鉴定法。暗场下可研究夹杂物的透明度和固有色彩。

（4）偏振光鉴定法。在偏振光下主要判别夹杂物的各向异性效应和黑十字等现象。

（5）电子探针法。电子探针（波谱仪、能谱仪等）一般置于扫描电镜内，所以夹杂物的形貌及成分可同时检测。利用电子探针分析夹杂物时可鉴别从 B 到 U 元素及获得其含量，并可根据元素含量推断夹杂物的化学组成。

（6）电解分离法。通过电解分离法分离出夹杂物，随后进行微观分析，测定夹杂物的化学组成及含量。电解分离法以钢样作电解池的阳极，电解槽本体作为阴极，通电后，钢的基体电解成离子进入溶液，非金属夹杂物则不被电解，就在阳极室成固体保留。因为在分离过程中有的夹杂物会发生分解或溶解，所以这种方法不能对所有的钢种和夹杂物都适用，在应用上具有一定的局限性。

4.3.2　钢中非金属夹杂物显微检测评定方法

目前钢中非金属夹杂物含量显微测定方法基本为标准评级图法以及相应的图像分析

法，常用标准有：

（1）GB/T 10561—2005《钢中非金属夹杂物含量的测定　标准评级图显微检验法》；

（2）ISO 4967：2013《钢中非金属夹杂物含量的测定　标准评级图显微检验法》

（3）JIS G 0555：2003《钢中非金属夹杂物的显微镜试验方法》；

（4）ASTM E45—2013《测定钢中夹杂物含量的试验方法》；

（5）BS EN 10247：2017《标准评级图显微检测法测定钢中非金属夹杂物含量》。

其中 GB/T 10561、JIS G 0555 基本都源自 ISO 4967，主要适用于压缩比大于或等于 3 的轧制或锻制钢材。

此外，DIN 50 602：1985《优质钢中非金属夹杂物含量的测定　标准评级图显微检验法》是常用的夹杂物评定标准，但目前已被废除，然而仍被许多企业沿用。各标准对于样品的截取、大小的规定基本相同。

4.3.3　非金属夹杂物显微检测的取样与观察

ISO 4967 规定，试样抛光检测面面积应为 200mm²（20mm×10mm），并应平行于钢材纵轴，位于钢材外表面到中心的中间位置，取样数量按产品标准或专业协议规定。

ASTM E45 标准要求取样面积为 160mm²，对薄截面产品规定截取纵向试面，厚度为 0.95~9.5mm 时，应从同一抽样坯取足制成约 160mm² 的抛光试样面（如厚度为 1.27mm 时，取 7~8 个试样）；厚度小于 0.95mm 时，从每个抽样位置取 10 个纵向试片制成一个适当的抛光试样面。

4.3.4　GB/T 10561—2005（ISO 4967：1998）检测方法

4.3.4.1　夹杂物的分类

该标准把钢中非金属夹杂物分为 A、B、C、D、DS 五大类，其中又把 A~D 类按夹杂物粗、细（宽度或直径）分为两类，分别评定，用字母 e 表示粗系的夹杂物，每类夹杂物随含量（递增）级别从 0.5 级至 3 级，级差为 0.5 级，共 6 个级别。

非常规类型夹杂物的评定也可通过将其形状与上述五类夹杂物进行比较，并注明其化学特征，例如：球状硫化物可作为 D 类夹杂物评定，但在试验报告中应加注一个下标，如 D_{sulf} 表示球状硫化物；D_{cas} 表示球状硫化钙；D_{RES} 表示球状稀土硫化物；D_{Dup} 表示球状复相夹杂物，如硫化钙包裹着氧化铝。

沉淀相如硼化物、碳化物、碳氮化合物或氮化物的评定，也可以根据它们的形态与上述五类夹杂物进行比较，并按上述的方法表示它们的化学特征。

4.3.4.2　评定通则

试样的抛光面面积应约为 200mm²，夹杂物检验通常采用 100 倍的放大倍率，每个观察视场的实际面积为 0.50mm²。

将每一个观察的视场与标准评级图谱相对比，如果一个视场处于两相邻标准图片之间时，应记录较低的一级。

对于 A、B 和 C 类夹杂物，用 I_1 和 I_2 分别表示两个在或者不在一条直线上的夹杂物或串（条）状夹杂物的长度，如果两夹杂物之间的纵向距离 d 小于或等于 40μm 且沿轧制方向的横向距离 s（夹杂物中心之间的距离）小于或等于 10μm 时，则应视为一条夹杂物或串（条）状夹杂物，如果一个串（条）状夹杂物内夹杂物的宽度不同，则应将该夹杂物的最大宽度视为该串（条）状夹杂物的宽度，如图 4-4 所示。

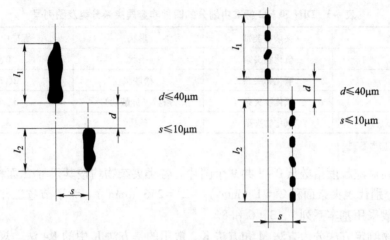

图 4-4　串（条）状夹杂物的判定距离

4.3.4.3　检测与结果表示

实际检测时，根据需要选用 A 法或 B 法，其中 A 法较为常用。

A 法：应检验整个抛光面。对于每一类夹杂物，按细系和粗系记下与所检验面上最恶劣视场相符合的标准图片的级别数。如果一个视场处于两相邻标准图片之间时，应记录较低的一级。在每类夹杂物代号后再加上最恶劣视场的级别，用字母 e 表示出现粗系的夹杂物，s 表示出现超尺寸夹杂物。例如：A2，B1e，C3，B2.5s，D0.5s。对于非传统类型的夹杂物下标应注明其含义。

B 法：应检验整个抛光面，最少检验 100 个视场。试样每一视场同标准图片相对比，每类夹杂物按细系或粗系记下与检验视场最符合的级别数，然后计算出每类夹杂物和每个系列夹杂物相应的总级别数 i_{tot} 和平均级别数 i_{moy}。

例如：A 类夹杂物：

级别为 0.5 的视场数为 n_1；

级别为 1 的视场数为 n_2；

级别为 1.5 的视场数为 n_3；

级别为 2 的视场数为 n_4；

级别为 2.5 的视场数为 n_5；

级别为 3 的视场数为 n_6；

则 $i_{tot} = (n_1 \times 0.5) + (n_2 \times 1) + (n_3 \times 1.5) + (n_4 \times 2) + (n_5 \times 2.5) + (n_6 \times 3)$

$$i_{moy} = i_{tot}/N$$

式中　N——所观察视场的总数。

4.3.5　原 DIN 50 602：1985 检测方法

目前该标准已作废，但由于仍被许多企业沿用，因此仍作介绍。

该标准把非金属夹杂物分为四类，如表 4-3 所示。

表 4-3　DIN 50 602 标准中划分的四种非金属夹杂分类及图列号

代号	夹杂物类别	形状	标准中图列号
SS	硫化物夹杂	条状	0、1
OA	氧化物夹杂	松散状	2、3、4
OS	氧化物夹杂	条状（硅酸盐）	5、6、7
OG	氧化物夹杂	球状	8、9

注：黑体为基本系列。

每个系列对应粒度指数从 0~8 共 9 个图片。各类夹杂物均按其尺寸（面积）指数 0~8 级分级，分别代表夹杂面积 $2^0 = 1$（mm^2）~$2^8 = 256$（mm^2）。为了节省工作量，在熟练地情况下一般采用基本系列 1，3，6 和 8。

该夹杂物测定方法分为方法 M 和方法 K。常用的是方法 K 中的 K4 法。规定对同批材料中夹杂物进行评定时，至少应检测六个试样。

方法 M：检测基体中不同类型夹杂物的最大尺寸指数。使用 M 法时，试样的抛光面面积约为 $200mm^2$，每个观察视场的直径为 80mm。检验整个抛光面，对照标准图谱系列，记录下每个视场四种类型夹杂物最高尺寸指数。

方法 K：检测非金属夹杂物在基体中所占面积份额数。实际应用时，一般规定检测大于一定尺寸的夹杂物的份额数。常规检测尺寸指数不小于 4 的夹杂物，表示为 K4 法。对于真空熔炼或电渣重熔的钢材一般要检测尺寸指数不小于 1 的夹杂物，表示为 K1 法。使用 K 法时，试样的抛光面面积至少为 $100mm^2$，每个观察视场的直径为 80mm（放大倍率为 100 倍）。检验时应检验整个抛光面。当应用 K4 法时，则分别记录下四种夹杂物尺寸指数不小于 4 的所有视场数。为了便于夹杂物面积统计计算，把尺寸指数 4 定为基准 1，按尺寸指数定义可确定其至各尺寸指数的相关的 f_g 系数，如表 4-4 所示。

表 4-4　DIN 50 602 标准中方法 K 中用于结果分析的权重 f_g 系数

尺寸指数 n	0	1	2	3	4	5	6	7	8
计算时使用的 f_g 系数	0.05	0.1	0.2	0.5	1	2	5	10	20

4.3.6　ASTM E45—2013 检测方法

该标准对钢中非金属夹杂物的分类方法基本与 ISO 4967 相同，主要差异在以下几方面：

夹杂物分为 A、B、C、D 四大类，定义与 ISO 4967 一致，但形态比（长度/宽度）以 2 为界。

评级图仍沿用 JK（基于瑞士 Jernkontoret 程序）图形成 ASTM I-r 评级图。ISO 4967 标准评级图源自 JK 图，仅由原圆形外框改成矩形外框，并选用 JK 图 5 个级别中的 1~3 级图。

D 类夹杂物细系的最小宽度为 $2\mu m$，而 ISO 4967 相应 D 类细系最小宽度为 $3\mu m$。

该标准的显微检测方法有方法 A～方法 E 五种。这五种方法均在 100 倍下检测，试样抛光面应达 $160mm^2$，用不可擦除的标识器或硬质合金划线器在试样面上划出 $0.71mm \times 0.71mm$（或 $0.79mm \times 1.05mm$）视场区，然后逐一检测试样上每个视场。

方法 A（最差视场法）相当于 ISO 4967 中方法 A，视场为 0.71×0.71（$0.5mm^2$），对照标准图 $I-r$ 图，按 A、B、C、D 类及粗系、细系，找出所检测视场上最恶劣级别数。如果一个视场处于两相邻标准图片之间时，应记录较低的一级。记下所有试样最差视场的最严重级别的平均数。

方法 B（长度法）以 A 类夹杂为主，也记录其他夹杂物长度。

方法 C（氧化物和硅酸盐）不适用于硫化物检测评定，视场为 0.79×1.05（$0.83mm^2$）。

方法 D（低夹杂物含量）适用于夹杂物含量低的钢材，视场为 0.71×0.71（$0.5mm^2$），记录每个试样中级别数位 $0.5～3.0$ 级各类夹杂物的视场数，求出一个以上试样的平均值。

方法 E（SAM 评定法），视场为 0.71×0.71（$0.5mm^2$），对照标准图 $I-r$ 图 B 类及 D 类，检测 B 类及 D 类夹杂物级别数及出现频率。

4.3.7　钢材纯洁度级别检测

经过对钢中非金属夹杂物的显微检测，并通过统计计算，得出一个相对宏观的钢材纯洁度级别（或指数），为较全面评价钢材质量提供依据。DIN 50 602 标准中方法 K 所表达的就是一种纯洁度级别。ISO 4967：1998（GB/T 10561，JIS G 0555）标准的附录 C 也给出了相关的纯洁度级别 C_i 的公式：

$$C_i = \left(\sum_{i=0.5}^{3.0} f_i \times n_i \right) \frac{1000}{s}$$

式中　f_i——权重因数，详见表 4-5；

　　　n_i——i 级别的视场数；

　　　s——试样的总检验面积，mm^2。

表 4-5　各夹杂物级别的权重因数

级别 i	0.5	1	1.5	2	2.5	3
权重因数 f_i	0.05	0.1	0.2	0.5	1	2

除此之外，也可用点算法测定钢材的纯洁度，即在一个视场内划分一定量格子，通过检测夹杂所占多少格来计算纯洁度。该方法相对客观，可适于图像处理。JIS G 0555 的附录 1 介绍了这种方法。该标准规定了纯洁度 $d(\%)$ 检测下列三种夹杂物：

（1）A 类夹杂物。加工时黏性变形（硫化物、硅酸盐等）的夹杂物。

（2）B 类夹杂物。夹杂物在加工方向成集团，并不连续排列的粒状夹杂物（氧化铝等）。

（3）C 类夹杂物。不黏性变形的不规则分布（粒状氧化物等）的夹杂物。试样的抛光面面积应约为 $300mm^2$，夹杂物检验通常采用 400 倍的放大倍率，在显微镜的目镜上，插进有纵横各 20 根格子线的玻璃板，在显微镜载物台上检查被检面，记录各类夹杂物所占的格数。测量的视场数以 60 为原则，至少需 30 个视场以上。

根据视场内玻璃板上的总格子数，视场数及夹杂物所占的格数，按下式算出夹杂物所占的面积百分比，判断该钢的清洁度 $d(\%)$。

$$d = \frac{n}{p \times f} \times 100\%$$

式中　p——在视场内玻璃板上的总格子数；

　　　f——视场数；

　　　n——由 f 个视场里的所有夹杂物被占的格数。

例如：在 300mm^2 试面上，在 400 倍下，检测 60 个视场，当 A 系夹杂物的含量为 0.15% 时，则表达为：dA60×400 = 0.15%。

4.3.8　试验结果影响因素分析

对存在有问题和不满意实验室的数据进行分析，主要存在以下几个问题：

（1）标尺错误。应能够正确使用标尺，利用金相软件进行夹杂物评级的时候采集的图像必须带有标尺，根据图像上原有的标尺，重新调节系统放大倍数使用系统标尺，否则计算机系统不能自动识别。

（2）测量结果满意，但评级有误。如有的实验室测量样品夹杂物总长度为 A 类 312μm，但评级为 A 类 2 级，而 A 类 2 级评级界限最小值为 436μm，可参照 GB/T 10561—2005 中的表 1 进行评级，而且标准中明确规定如果一个视场处于两相邻标准图片之间时，应记录较低的一级。

（3）错误的将同一个视场中的同一类夹杂物分粗系和细系评级。在同一个视场中，每类夹杂物应按细系或粗系进行评级。

（4）夹杂物分类错误。有些实验室将图 4-5 中右侧的 A 类夹杂物误认为 B 类夹杂物，图中明显是一条（串）夹杂物，形态比不小于 3，因此不应判为 B 类。而有些实验室将

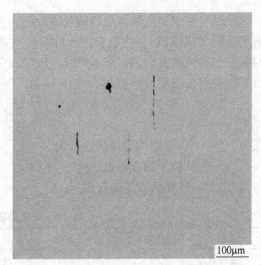

100μm

图 4-5　夹杂物实验室比对试样及结果

图中左上侧的 DS 类夹杂物判为 D 类，标准中规定 DS 类夹杂物直径大于 13μm 的单颗粒夹杂物，因此不应判为 D 类。

以上这些因素反映出有些实验室对 GB/T 10561—2005 理解存在偏差，部分实验室尚不具备正确的区分夹杂物类别和正确进行级别评定的能力，需要进行这方面的培训，增加金相检验方面的实践经验。

思考题

4-1 填空题

1. 焊缝中常遇到的夹杂物有氧化物、＿＿＿和＿＿＿。

2. 焊缝金属中的硫主要来源于母材、＿＿＿和＿＿＿。

3. 硫通常以两种形式存在于焊缝中，即＿＿＿和＿＿＿。

4. 进行钨极氩弧焊时，若钨极不慎与熔池接触，而使钨颗粒进入焊缝金属中，将造成＿＿＿缺陷。

5. 钢中非金属夹杂物的微观鉴定方法通常有金相分析法、＿＿＿、＿＿＿、＿＿＿和＿＿＿。

4-2 判断题

1. 熔池存在时间长，低熔点夹杂物和气体易排除，不易产生气孔和夹渣。（　　）

2. 焊后正火作业的目的是消除焊缝中的夹杂物。（　　）

3. 在低合金钢、低碳钢的焊接过程中形成的氮化物主要是 Fe_4N。（　　）

4. 每一层焊缝焊完时，必须彻底清理焊缝表面的焊渣，以防止残留的焊渣在焊接下一层焊缝时进入溶池而形成夹杂物。（　　）

5. 暗场鉴定法可研究夹杂物的透明度和固有色彩。（　　）

4-3 简答题

1. 简述焊缝夹杂物的种类。

2. 简述各类夹杂物对焊缝的影响。

3. 硫对焊缝会造成哪些危害？

4. 简述冶金法脱硫的反应原理。

5. 简述焊缝夹杂物产生的原因及控制措施。

项目 5　焊接接头裂纹的产生与控制

焊接裂纹是最常见的，也是危害最大的焊接缺陷，它可以成为构件脆断、疲劳破坏和腐蚀破坏的起因，不仅可以使产品报废，而且还可能因未被检测出而导致产品在使用中产生灾难性事故。本章主要介绍裂纹的类型和危害，以及热裂纹、冷裂纹、其他裂纹的产生条件、影响因素和控制措施。

任务 5.1　裂纹的危害及类型

众所周知，压力容器是现代社会极为重要的特种设备，特别是在高温、高交变热应力及腐蚀环境下运行的压力容器，一旦发生断裂，就会给社会造成重大损失。据统计，压力容器发生事故，绝大多数是出于裂纹而引起的脆性破坏。另外，即使是一般的钢架结构、机械零部件等，如果有焊接裂纹的存在，其造成的后果也是显而易见的，小到结构、零部件的报废，大到生命财产的损失。因此，分析探讨在制造过程中焊接裂纹产生的原因并予以防范，提高产品运行的安全性，是一个重要课题。

焊接裂纹是焊接件中最常见的一种严重缺陷。在焊接应力及其他致脆因素共同作用下，焊接接头中局部地区的金属原子结合力遭到破坏而形成新的界面所产生的缝隙，如图5-1 所示。它具有尖锐的缺口和大的长宽比的特征。裂纹影响焊接件的安全使用，是一种非常危险的工艺缺陷。

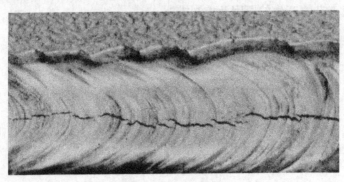

图 5-1　焊接裂纹照片

5.1.1　裂纹的危害

从焊接应用早期（20 世纪 40 年代）到近代，国际上屡屡发生由焊接裂纹引起的重大事故，如焊接桥梁坍塌，大型海轮断裂，压力容器爆炸等恶性事故。

在第二次世界大战期间，美国焊接的"自由轮"在使用过程中发生大量的破坏事故，其中 238 艘船完全报废、19 艘船沉没。船舶损坏有完全断裂或部分断裂两种情况，据统计有 24 艘船舶脆断成了两半，如图 5-2 所示。

在 1935 年前后，比利时在 Albert 运河上建造了大约 50 座焊接桥梁，这些桥梁在以后几年内不断发生脆性断裂事故。1938 年 3 月，比利时 Albert 运河上 Hasseld 桥全长 74.5m 的焊接结构，在气温零下 20℃时发生脆性断裂，整个桥梁断成三段坠入河中。1940 年又有两座桥梁在零下 14℃温度下发生局部断裂，其中一座桥梁在下弦曾发现长达 150mm 裂纹，裂纹是由焊接接头处开始的；另一座桥梁在桥架下弦曾发现 6 条大裂纹。据统计，在 1947～1950 年期间，比利时还有 14 座桥梁发生脆断事故，其中 6 次是在低温下发生的。

1979 年 12 月 18 日，中国吉林省吉林市某煤气公司液化气罐瓶站发生爆炸事故，大火烧毁 400m³球罐 6 个、50m³卧罐 4 个、液化气钢瓶 3000 多只，烧毁厂区及附近的建筑物、车辆、树苗等。同时，烧断 66kV 高压输电线路，造成 3 个变电所、48 个工厂停电 26h，造成直接经济损失达 500 多万元，间接经济损失 90 多万元。炸毁的球罐如图 5-3 所示。

图 5-2　断裂的自由轮

图 5-3　炸毁的球罐

焊接裂纹是焊接生产中比较常见而且危害性十分严重的焊接缺陷，它对焊接结构的危害有以下几个方面：

（1）减少了焊接接头的工作截面，因而降低了焊接结构的承载能力。

（2）造成严重的应力集中。降低结构的疲劳强度，易引发结构的脆性破坏。

（3）造成泄漏。高温高压锅炉或压力容器，盛装输送有毒、可燃气体或液体的储罐和管道，若有穿透性裂纹，必然发生泄漏，这在工程上是不允许的。

（4）加速结构的腐蚀。表面裂纹能藏垢纳污，容易造成或加速结构的腐蚀。

（5）留下隐患，使结构不可靠。延迟裂纹的不定期性，漏检的微裂纹，增加了焊接结构使用中的潜在危险，若无法监控便成为极不安全的因素。

5.1.2　裂纹的分类

在焊接生产过程中由于钢种和结构类型、母材、焊接工艺的不同，可能会出现各种各样的裂纹，如图 5-4 所示。有表面裂纹、内部裂纹，还有热影响区的横向裂纹、纵向裂纹，甚至有的裂纹有时出现在焊接过程中，也有时出现在放置或运行过程中，即所谓的延迟裂纹。这种类型的裂纹在生产中无法检测，因而具有更为严重的危害性。

总之，焊接生产过程中遇到的裂纹多种多样，上面列举的只是常见的几种。就目前的

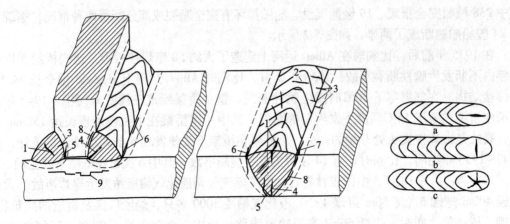

图 5-4　焊接裂纹的形态和分布

1—焊缝中纵向裂纹（多为结晶裂纹）；2—焊缝中横向裂纹（多为延迟裂纹）；
3—熔合区横向裂纹（多为延迟裂纹）；4—焊缝根部裂纹（延迟、热应力裂纹）；
5—HAZ 根部裂纹（延迟裂纹）；6—焊趾纵向裂纹（延迟裂纹）；
7—焊趾纵向裂纹（液化、再热裂纹）；8—焊道下裂纹（延迟、液化、再热裂纹）；
9—层状撕裂；a—弧坑纵向裂纹；b—弧坑横向裂纹；c—弧坑星状裂纹

研究，按照产生裂纹的本质来分，大体可以分为以下五大类：

（1）热裂纹。在焊接过程中，焊缝和热影响区金属冷却到固相线附近的高温区产生的焊接裂纹叫热裂纹。它的特征是沿原奥氏体晶界开裂。通常，我们把热裂纹分为结晶裂纹、液化裂纹和多边化裂纹三类。

1）结晶裂纹。焊缝结晶过程中，在固相线附近，由于固态金属的收缩，残余液态金属不足，不能及时填充收缩留下的空间，在拉应力作用下发生沿晶开裂，所以称为结晶裂纹。

2）液化裂纹。在近缝区或多层多道焊的相邻焊道热影响区，由于焊接热循环作用，晶界上的低熔点共晶被重新熔化，在收缩力作用下导致沿晶开裂。

3）多边化裂纹。在形成多边化的过程中，由于高温时的塑性低造成的。它是热裂纹的一种，又称高温低塑性裂纹。

（2）冷裂纹。焊接接头冷却到较低温度时（对钢来说在 M_s 温度以下或 200～300℃）产生的焊接裂纹叫冷裂纹。根据被焊钢种和结构的不同，冷裂纹大致分为以下三类：

1）延迟裂纹。延迟裂纹是冷裂纹的一种常见形式。焊接接头冷却到室温并经几小时、几天甚至更长的时间后才出现。主要是焊缝金属中含有大量的氢所引起，又称氢致裂纹。

2）淬硬脆化裂纹。在焊接淬硬倾向大的钢材时，容易出现马氏体脆性相，在焊接拘束应力作用下引起开裂。这种裂纹与氢的诱发关系不大，也无潜伏期，焊后很快就裂。

3）低塑性脆化裂纹。某些塑性很低的材料（如铸铁、硬质合金等），在焊接应力作用下开裂。其原因是焊接不均匀加热所产生的拉伸应变超过金属的塑性，从而引起开裂，它与焊缝中的氢无关，也无延迟性质。

（3）再热裂纹。焊后焊件在一定温度范围再次加热（消除应力热处理或其他加热过程，如多层焊时）而产生的裂纹叫再热裂纹。

（4）层状撕裂。焊接时，在焊接构件中沿钢板轧层形成的呈阶梯状裂纹叫层状撕裂。

（5）应力腐蚀裂纹。某些焊接结构（如容器和管道等），在腐蚀介质和应力的共同作用下产生的延迟开裂叫应力腐蚀裂纹。

任务 5.2 焊接热裂纹的控制

热裂纹是焊接生产中比较常见的一种缺陷，从一般常用的低碳钢、低合金钢，到奥氏体不锈钢、铝合金和镍基合金等都有产生热裂纹的可能。关于热裂纹的分类，在第一节中已有简要的说明，分别是结晶裂纹、液化裂纹和多边化裂纹。在实际的焊接生产过程中，热裂纹以结晶裂纹为主，在本节中，将重点分析结晶裂纹。

5.2.1 结晶裂纹的形成机理

在结晶裂纹形成机理的研究过程中，通过试验发现，结晶裂纹都是沿着焊缝中的树枝状晶的交界处形成和发展的。最常见的是沿着焊缝中心纵向开裂（如图 5-5 所示），有时也在两个树枝状晶体之间发生（如图 5-6 所示）。

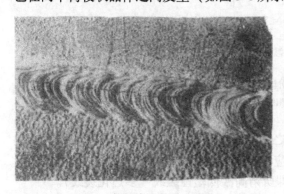

图 5-5 焊缝中心的纵向裂纹　　　　　图 5-6 沿树枝晶界的结晶裂纹

在金属结晶过程中，先结晶的金属比较纯，后结晶的金属则含有较多的杂质，并聚集在晶界处。这些杂质所形成的共晶体熔点都比较低，所以晶界是焊缝结晶过程中的薄弱地带。

在焊缝金属凝固结晶的后期，低熔点共晶被排挤在柱状晶体交遇的中心部位，形成一种所谓"液态薄膜"，此时由于收缩而受到了拉伸应力，就有可能在这个薄弱地带开裂而形成结晶裂纹。

综上所述，结晶裂纹产生的原因，是焊缝中存在液态薄膜并且在凝固过程中受到拉伸应力的作用。因此，结晶裂纹产生的内因是液态薄膜的存在，拉伸应力是结晶裂纹产生的必要条件。

由前面的讲述可知，结晶裂纹是在结晶过程中产生的，为了研究在结晶过程中哪个阶段产生裂纹的倾向最大，现把熔池结晶过程分成以下三个阶段：

（1）液固阶段。结晶的前期，固态金属少，液态金属多，仅有少量的晶粒，相邻晶粒之间不发生接触，液态金属可在晶粒之间流动。此时，若有拉伸应力存在，被拉开的缝隙能及时地由流动着的液态金属填满，因此在此阶段不会产生裂纹。

（2）固液阶段。当结晶继续进行时，固相不断增多，且不断长大，冷却到某一阶段时，已凝固的相彼此发生接触，并不断倾轧到一起，这时液态金属的流动就发生了困难，即熔池结晶进入了固液阶段。此时由于液态金属少，若拉伸应力产生的缝隙不能由液相填充时，就会产生裂纹，故把这个阶段叫作"脆性温度区"，即图 5-7 中 ab 之间的温度区间 T_B。

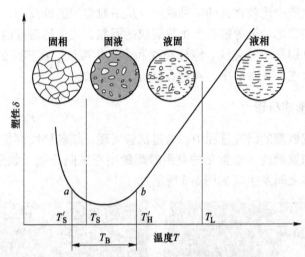

图 5-7　熔池结晶阶段中的脆性温度区

T_L—液相线；T_S—固相线；T_B—脆性温度区

（3）完全凝固阶段。熔池金属完全凝固之后所形成的焊缝，受到拉伸应力时，就会表现出较好的强度和塑性，很难发生裂纹。但应指出，对于某些金属在焊缝完全凝固以后，仍有一段温度内塑性很低，也会产生裂纹，即所谓高温低塑性裂纹（多边化裂纹）。

综上所述，当温度处于 ab 之间的脆性温度区时，焊缝金属具有较大的形成结晶裂纹的能力，具有较大的裂纹倾向。

5.2.2　结晶裂纹的影响因素

从现象来看，影响结晶裂纹的因素很多，但从本质来看，主要可归纳为两方面，即冶金因素和力学因素。

5.2.2.1　冶金因素对产生结晶裂纹的影响

所谓结晶裂纹的冶金因素主要是合金状态图的类型、化学成分和结晶组织形态等。

（1）合金状态图的类型和结晶温度区间。研究表明，结晶裂纹倾向的大小是随合金状态图结晶温度区间的增大而增加的。如图 5-8 所示，随着合金元素的增加，结晶温度区间也随之增大，同时脆性温度区的范围也增大，因此结晶裂纹的倾向也是增加的。

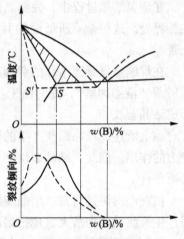

图 5-8　结晶温度区间与
裂纹倾向的关系

当合金元素含量大于 S 点时，随含量增大，结晶温度区间减小，裂纹倾向减小。因为当含量多时，低熔共晶较多，可以自由流动，反而不产生裂纹，这种作用称为"愈合作用"。

根据上述分析，可以利用各种合金状态图的类型来分析焊接时结晶裂纹倾向的大小。如图 5-9 所示，虽然状态图的类型不同，但对产生结晶裂纹的而倾向却有着共同的规律。

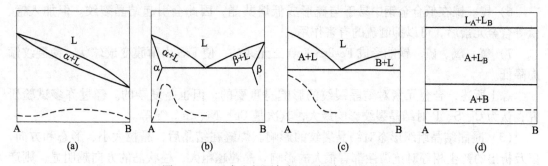

图 5-9　二元合金相图与凝固裂纹倾向的关系
（a）完全互溶；（b）有限固溶；（c）机械混合物；（d）完全不固溶
虚线—凝固裂纹倾向的变化

（2）合金元素对结晶裂纹的影响。合金元素对结晶裂纹的影响是十分复杂的，各种元素不仅存在单一的影响，各个元素之间也会相互影响。下面就碳钢和低合金钢中的合金元素对结晶裂纹的影响进行讨论。

1）硫化磷。硫、磷在几乎每类钢种都会增加结晶裂纹的倾向，即便是微量的存在，也会增加结晶温度区间，脆性温度区间的增加，也就增加了结晶裂纹倾向。

硫和磷在钢中能形成多种低熔共晶，使结晶过程极易形成液态薄膜，因而显著增大裂纹倾向。

同时，硫和磷的存在还会在钢中引起偏析，元素的偏析程度与偏析系数有关，偏析系数 K 越大，偏析的程度越严重，钢中各元素的偏析系数如表 5-1 所示。偏析可能在钢的局部地方形成低熔点共晶，从而产生裂纹。

表 5-1　钢中各元素的偏析系数

元素	S	P	W	V	Si	Mo	Cr	Mn	Ni
K	200	150	60	55	40	40	20	15	5

通过表 5-1 可以看出，硫和磷是钢中非常容易偏析的元素，所以一定要严格控制用于焊接结构钢材中硫和磷的含量。在冶金技术的发展下，出现了细晶粒钢和控轧钢，它们都具有较高抗裂性能，钢中含硫、磷和碳都很低。

2）碳。碳是钢中影响热裂纹的主要元素，并起到加剧其他元素的有害作用。因为碳极易发生偏析，和钢中其他元素形成低熔点共晶；其次，碳会降低硫在铁中的溶解度，促成 S 与 Fe 化合生成 FeS，因而形成的 Fe-FeS 低熔点共晶量随之增多，两者均促使在焊缝中形成热裂纹。

3）锰。锰具有脱硫作用，能置换 FeS 为 MnS，同时也能改善硫化物的分布形态，使薄膜状 FeS 改变为球状分布，从而提高了焊缝的抗裂性。为了防止硫引起的结晶裂纹，并随含碳量的增加，则 Mn/S 的比值也应随之增加。

4）硅。硅是 δ 相形成元素，在一定程度上有利于消除结晶裂纹，但硅含量超过 0.4% 时，容易形成硅酸盐夹杂，从而增加了裂纹倾向。

5）钛、锆和稀土。钛、锆和镧、铈等稀土元素能形成高熔点的硫化物，故对消除结晶裂纹有良好作用。

6）镍。镍在低合金钢中易于与硫形成低熔共晶，因此会引起结晶裂纹。但加入锰、钛等合金元素后，可以抑制硫的有害作用。

7）氧。氧、硫、铁能形成 Fe-FeS-FeO 三元共晶，使 FeS 由薄膜变成球状，使裂纹倾向降低。

综上所述，合金元素对结晶裂纹的影响是重要的，但也是复杂的。经过许多试验研究，认为 C、S、P 对结晶裂纹影响最大，其次是 Cu、Ni、Si、Cr 等。

（3）凝固结晶组织形态对结晶裂纹的影响。焊缝在结晶后，晶粒大小、形态和方向，以及析出的初生相等对抗裂性都有很大的影响。晶粒越粗大，柱状晶的方向越明显，则产生结晶裂纹的倾向就越大。在焊缝或母材中加入一些细化晶粒元素，如 Mo、V、Ti、Nb、Zr、Al 等，一方面使晶粒细化，增加晶界面积，减少杂质的集中；另一方面又打乱了柱状晶的结晶方向，破坏了液态薄膜的连续性，从而提高焊缝金属的抗裂性能。

在焊接 18-8 型不锈钢时，希望得到 γ+δ 双相焊缝组织，因焊缝中有少量 δ 相可以细化晶粒，打乱奥氏体粗大柱状晶的方向性，同时，δ 相比 γ 相溶解更多 S、P，因此可以提高焊缝的抗裂能力。

5.2.2.2　力学因素对结晶裂纹的影响

焊接热裂纹具有高温沿晶断裂的性质。发生高温沿晶断裂的条件是金属在高温阶段晶间塑性变形能力不足以承受当时所发生的塑性应变量，即

$$\varepsilon \geqslant \delta_{\min}$$

式中　ε——高温阶段晶间发生的塑性应变量；

　　　$\delta_{\min}$——高温阶段晶间允许的最小变形量。

$\delta_{\min}$ 反映了焊缝和热影响区在高温时晶间的塑性变形能力。金属在结晶后期，即处在液相线与固相线温度附近的脆性温度区，在该区域范围内其塑性变形能力最低。塑性温度区的大小及温度区内最小的变形能力 $\delta_{\min}$ 由前述的冶金因素所决定。

ε 是焊缝和热影响区在高温时受各种力综合作用所引起的应变，反映了焊缝和热影响区当时的应力状态。这些应力主要由于焊接的不均匀加热和冷却过程而引起，如热应力、组织应力和拘束应力等。

5.2.3　防治结晶裂纹的措施

虽然焊接时影响结晶裂纹产生的因素有很多，但根据大量的试验证明，防治结晶裂纹可以从以下两个方面着手。

5.2.3.1　冶金因素

（1）控制焊缝中 S、P、C 等有害杂质的含量。焊接低碳钢、低合金钢时，有害元素

S、P、C 不仅能形成低熔相或共晶，还能促使偏析，从而增大结晶裂纹的敏感性。为了消除它们的有害作用，应尽量限制母材和焊接材料中 S、P、C 的含量。同时通过焊接材料过渡 Mn、Ti、Zr 等合金元素，克服硫的不良作用，提高焊缝的抗热裂纹能力。重要的焊接结构应采用碱性焊条或焊剂。

（2）改善焊缝结晶形态。在焊缝金属或母材中加入一些细化晶粒元素（如 V、Ti、Nb、Zr 等），以提高其抗裂性能。焊接 18-8 不锈钢时，通过调整母材或焊接材料的成分，使焊缝金属中能获得 γ+δ 的双相组织，通常 δ 铁素体的体积分数控制在 5% 左右，既能提高其抗裂性，也能提高其耐腐蚀性。

（3）利用"愈合作用"。晶间存在低熔点共晶是产生结晶裂纹的重要原因，但当低熔点共晶增多到一定程度时，反而使结晶裂纹倾向下降，甚至消失。这是因为较多的低熔点共晶可在凝固晶粒之间自由流动，填充了晶粒间由于拉应力造成的缝隙，即"愈合作用"。焊接铝合金时就是利用这个"愈合作用"来选用焊接材料的。但应注意，晶间存在过多低熔相会增大脆性，影响接头性能，要控制适当。

5.2.3.2　工艺因素

主要从焊接工艺参数、预热、接头设计和焊接顺序等方面防止焊接热裂纹。

（1）控制焊缝形状。结晶裂纹和焊缝成形系数 Φ（即宽深比）有关。提高焊缝成形系数 Φ 可以提高焊缝的抗裂性能。当焊缝含碳量提高时，为了防止裂纹的产生，应该相应提高宽深比。要避免采用成形系数 $\Phi<1$ 的焊缝截面形状。为了控制成形系数，必须合理调整焊接工艺参数。平焊时，焊缝成形系数随焊接电流增大而减小，随焊接电压的增大而增大。焊接速度提高时，不仅焊缝成形系数减小，而且由于熔池形状改变，焊缝的柱状晶呈直线状，从熔池边缘垂直地向焊缝中心生长，最后在焊缝中心线上形成明显偏析层，增大了结晶裂纹的倾向。

（2）预热。一般焊后冷却速度快，焊缝金属的应变速率也增大，容易产生热裂纹。为此，应采取缓冷措施。预热对于减小热裂纹倾向比较有效，因为预热能减慢焊接区冷却速度。提高焊接热输入，促使晶粒长大，增加偏析倾向，其防裂效果不明显，甚至适得其反。

（3）采用碱性焊条和焊剂。碱性焊条和焊剂的熔渣具有较强的脱硫能力，因此具有较高的抗热裂能力。

（4）接头形式。焊接接头形式不同，会影响接头的受力状态、结晶条件等，因而结晶裂纹的倾向也有所不同，这一点在设计和施工上应当特别注意。

如图 5-10 所示，表面堆焊和熔深较浅的对接焊缝抗裂性能高（图 5-10（a）、（b））。熔深较大的对接和各种角接抗裂性较差（图 5-10（c）~（f））。因为这些焊缝所承受的应力正好作用在焊缝的结晶面上，而这个面是晶粒之间联系较差、杂质较多的地方，所以容易引起裂纹。

（5）焊接顺序。施工时焊接顺序是很重要的，同样的焊接方法和焊接材料，在不同的焊接顺序下，可能会有不同的结晶裂纹倾向。总的原则是尽量使大多数焊缝能在较小的刚度条件下焊接，让焊缝的受力最小。

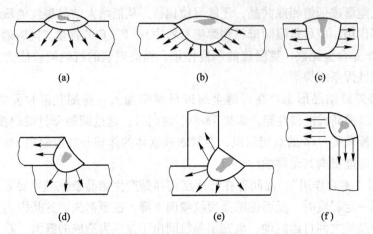

图 5-10　接头和坡口形式对热裂纹的影响

5.2.4　液化裂纹

液化裂纹是沿奥氏体晶界开裂的微裂纹，尺寸很小（0.5mm 以下），一般只有在金相磨片上作显微观察才能发现，可能成为冷裂纹、再热裂纹脆性破坏和疲劳断裂的发源地，常出现在焊缝熔合线的凹陷区和多层焊的层间过热区（如图 5-11 所示）。

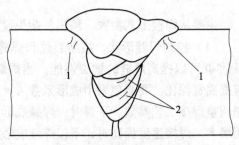

图 5-11　液化裂纹产生部位
1—凹陷区；2—多层焊层间

5.2.4.1　液化裂纹形成机理

焊接时近缝区金属层间或焊缝层间金属，在高温下使这些区域的奥氏体晶界上的低熔共晶被重新熔化，在拉伸应力的作用下沿奥氏体晶间开裂而形成液化裂纹。另外，在不平衡的加热和冷却条件下，由于金属间化合物分解和元素的扩散，造成了局部地区共晶成分偏高而发生局部晶间液化，同样也会产生液化裂纹。由此可知，液化裂纹也是由冶金因素和力学因素共同作用的结果。

热影响区内液化裂纹的形成：焊接过程中的受热使近缝区（粗晶区）被加热到接近材料固相线附近的温度。这样会使晶界上的低熔点物质熔化并以薄膜的形式分布在晶粒的表面上。在较高的收缩应力的作用下，会使这种已经削弱了的晶粒之间的连接沿晶界开裂。

焊缝上液化裂纹的形成：多层焊时，先焊的焊道受后焊焊道的热作用（形成粗晶区），会受到与热影响区的部分区域相同的影响。因此在较高的峰值温度作用下会使晶界上的低熔点共晶物熔化并在收缩应力的作用下造成开裂。

5.2.4.2　液化裂纹的影响因素

液化裂纹的形成机理和结晶裂纹的形成机理基本一致，因此影响因素也大致相同，也是冶金因素和力学因素共同作用的结果。

（1）化学成分的影响。在讨论结晶裂纹的影响因素中已经作了详细的论述，规律基本是一致的。但是液化裂纹主要出现在合金元素较多的高强钢、不锈钢和耐热合金的焊接件中，所以这里把前面未涉及的几个元素简要介绍。

1) 硼。硼在铁和镍中的溶解度都很小，只要有 $0.003\% \sim 0.005\%$ 的微量硼就能产生明显的晶界偏析。除了能形成硼化物和硼碳化物之外，还和铁、镍形成低熔共晶，所以微量硼的存在就可能产生液化裂纹。

2) 镍。镍是高强钢和不锈耐热钢，以及耐热合金钢中的主要合金元素，但镍也是产生液化裂纹的元素。一方面镍是强烈的奥氏体形成元素，可显著降低有害元素的溶解度。另一方面，镍易与许多元素形成低熔共晶，易产生液化裂纹。

3) 铬。一般钢中铬的含量不高时，没有不良影响。若含量高时，由于不平衡的加热及冷却，晶界可能产生偏析产物，从而增加裂纹倾向。

(2) 工艺因素影响。工艺因素对液化裂纹的产生也是不容忽视的。其中焊接线能力对液化裂纹的影响很大。线能量越大，由于输入的热量过多，晶界低熔相的熔化就越严重，晶界处液态的时间就越长。因此液化裂纹的倾向也就越大。

液化裂纹与熔池的形状有关，如焊缝的断面呈明显的倒草帽形，则在融合线的凹陷处母材金属过热严重，该处易产生液化裂纹。

5.2.4.3　液化裂纹的防治

防止液化裂纹的途径与结晶裂纹的防止途径基本上是一致的，也是从冶金和工艺两方面入手。特别是冶金方面，要尽可能降低母材金属中硫、磷、硅、硼等低熔共晶组成元素的含量。近年来由于冶炼技术的发展，采用炉外精炼、电渣重熔等冶炼出的高品质金属材料，基本上可消除液化裂纹。

5.2.5　多边化裂纹

5.2.5.1　多边化裂纹产生的机理

多边化裂纹是在结晶前沿已凝固的固相晶粒中，萌生出大量的晶格缺陷（如空位和位错），并在快速的冷却条件下，由于不易扩散，它们暂时被保留，以过饱和的状态存在于焊缝金属中。另外，母材热影响区在焊接热循环的作用下，由于热应变，金属中的畸变能增加，然后在一定的温度和应力的条件下，晶体缺陷由高能部位向低能部位转化，即这些缺陷发生移动和聚集，从而形成了二次边界，即所谓"多边化边界"。因为边界上集聚了大量的缺陷，所以组织性能比较脆弱，在拉伸应力作用下很容易沿多边化的边界开裂，产生多边化裂纹。

5.2.5.2　多边化裂纹的主要特点

(1) 这种裂纹多发生在纯金属或单相奥氏体焊缝中，个别情况下也出现在热影响区中。

(2) 裂纹附近常伴随有再结晶晶粒出现，所以多边化裂纹总是迟于再结晶。

(3) 裂纹多发生在重复受热的多层焊层间金属中及热影响区，其部位并不都靠近熔合区，说明这种裂纹与晶界液化无关。

(4) 断口呈现出高温低塑性开裂。

5.2.5.3　多边化裂纹的影响因素

（1）合金成分的影响。多边化所需的激活能越高，则晶格缺陷的移动和聚集就越慢，形成多边化的时间就越长。Ni-Cr 系的单相合金中，向焊缝加入提高多边化激化能的元素（如 Mo、W、Ti、Ta 等），则可有效地阻止多边化过程。高温 δ 相存在能阻碍位错移动，阻止二次边界形成。所以双相金属具有良好的抗多边化裂纹的能力。

（2）应力状态的影响。有应力存在能加速多边化的过程。

（3）温度的影响。温度越高，所需的时间越短，增加裂纹倾向。

任务 5.3　焊接冷裂纹的控制

5.3.1　冷裂纹的特征

冷裂纹通常在焊后冷却过程中，在 M_s 点附近或更低温度区间产生，有时焊后马上产生，这主要是由于接头产生的淬硬组织；也有时延迟产生，焊后几小时、几天、或更长时间产生，这主要是由于氢的作用。冷裂纹多发生在具有缺口效应的热影响区或物理化学不均匀的氢聚集局部。根部、焊趾裂纹起源于应力集中部位，沿最大应力方向，向热影响区或焊缝发展（如图 5-12 所示）；焊道下裂纹在粗大的马氏体组织且含氢量较高的热影响区形成，走向与焊缝平行；横向裂纹走向垂直于焊缝边界，具有沿晶和穿晶断裂特点。

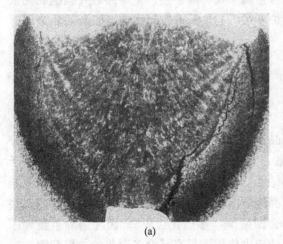
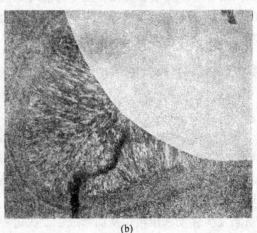

(a)　　　　　　　　　　　　　　　　　(b)

图 5-12　冷裂纹产生的位置

（a）根部裂纹和焊趾裂纹，向热影响区扩展；（b）角焊缝根部裂纹，向焊缝扩展

5.3.2　冷裂纹的种类

（1）焊趾裂纹。裂纹起源于母材与焊缝交界处，并有明显应力集中部位。裂纹的走向经常与焊道平行，一般由焊趾表面开始向母材的深处扩展。

（2）焊道下裂纹。这种裂纹经常发生在淬硬倾向较大、含氢量较高的焊接热影响区。一般情况下裂纹走向与熔合线平行，但也有垂直熔合线的。

（3）根部裂纹。这种裂纹是延迟裂纹中比较常见的一种形态，主要发生在含氢量较高、预热温度不足的情况下。这种裂纹与焊趾裂纹相似，起源于焊缝根部应力集中最大的部位。根部裂纹可能出现在热影响区的粗晶段，也可能出现在焊缝金属中，这取决于母材和焊缝的强韧程度，以及根部的形状。

5.3.3 冷裂纹的影响因素

对于易淬硬的高强钢来说，冷裂纹是在焊后冷却过程中，在马氏体转变点 M_s 附近或更低的温度区产生的，也有的要推迟很久才产生。钢种的淬硬倾向、焊缝中的含氢量及其分布、焊接接头的拘束应力是促使形成冷裂纹的三大要素。这三个因素是相互联系和相互促进的。当焊缝和热影响区中有对氢敏感的高碳马氏体组织形成，又有一定数量的扩散氢时，在焊接拘束应力的作用下，就可能在焊接接头区形成冷裂纹。

5.3.3.1 钢材的淬硬倾向

焊接时钢种的淬硬倾向越大，越易产生冷裂纹。因为钢种的淬硬倾向越大，意味着得到更多的马氏体组织。在一定的应变条件下，马氏体由于变形能力低而容易形成微裂纹。焊接接头的淬硬倾向主要取决于钢中的化学成分、焊接工艺、结构板厚度及冷却条件等。钢材的淬硬倾向可归纳为以下三个方面。

（1）形成脆硬的马氏体组织。马氏体是碳在 α 铁中的过饱和固溶体，碳原子以间隙原子存在于晶格之中，使铁原子偏离平衡位置，晶格发生较大畸变，致使组织处于硬化状态。特别是在焊接条件下，近缝区的加热温度高达 $1350 \sim 1400℃$，使奥氏体晶粒发生严重长大，当快速冷却时，粗大的奥氏体将转变为粗大的马氏体。马氏体是一种脆硬组织，发生断裂时将消耗较低的能量，因此焊接接头有马氏体存在时，裂纹易于形成和扩展。

（2）淬硬会形成更多的晶格缺陷。金属在热力不平衡的条件下会形成大量的晶格缺陷（主要是空位和位错）。在应力和热力不平衡的条件下，空位和位错都会发生移动和聚集，当它们的浓度达到一定的临界值后，就会形成裂纹源。在应力的持续作用下，微裂纹会不断地扩展而形成宏观裂纹。

（3）淬硬倾向越大，氢脆敏感性越大。焊缝和热影响区中有氢存在时，会降低其韧性，产生氢脆。不同组织对氢脆的敏感性也不同，氢脆敏感性增大的排列顺序为奥氏体、铁素体、铁素体+珠光体、低碳马氏体、贝氏体、索氏体、托氏体、高碳马氏体。淬硬组织高碳马氏体对氢脆的敏感性很强，对冷裂很敏感。为了识别淬硬的程度，常以硬度作为标志，所以焊接中常用热影响区最高硬度 HV_{max} 来评定某些高强钢的淬硬倾向。

5.3.3.2 氢的作用

氢是引起高强钢焊接时形成冷裂纹的重要因素之一，并且使之具有延迟的特征，通常把氢引起的延迟裂纹称为氢致裂纹或氢诱发裂纹。高强钢焊接接头的含氢量越高，裂纹敏感性越大，当局部区域的含氢量达到某一临界值时开始出现裂纹，此值称为产生裂纹的临界含氢量 $[H]_{cr}$。

氢的聚集与应变率密切相关，不均匀应变产生的位错具有捕捉氢的作用，会使氢在高应变区聚集，使局部区域发生脆化。

　　冷裂纹延迟出现的原因是氢在钢中的扩散、聚集、产生应力，直至开裂需要一定的时间。试验中发现，在微裂纹的尖端附近，间歇地出现氢气泡，有时也大量逸出。氢气沿着组织晶界逸出，并聚集在夹杂物和缺陷附近，有应力集中的缺口部位氢气泡的数量显著增加。图 5-13 所示是氢致裂纹的扩展过程，由微观缺陷构成的裂源常呈缺口存在。在受力过程中，会在缺口部位形成有应力集中的三向应力区，氢极易向这个区域扩散，应力也随之提高，当局部氢的浓度达到临界值时，就会发生开裂和裂纹扩展。其后，氢又不断向新三向应力区扩散，达到临界浓度时，又发生新的裂纹扩展，这个过程可周而复始断续进行，直至成为宏观裂纹。氢所诱发的裂纹，从潜伏、萌生、扩展以至开裂具有延迟特征，因此焊接延迟裂纹就是由许多单个的微裂纹断续合并而形成的宏观裂纹。

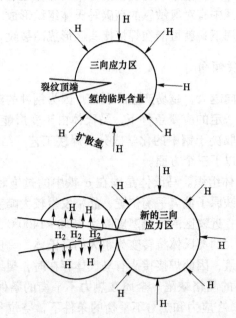

图 5-13　氢致裂纹的扩展过程

　　焊缝金属发生相变时，氢的溶解度会发生急剧的变化，氢的扩散能力也有很大的不同。氢在奥氏体中的溶解度大，在铁素体中的溶解度小。高强钢焊缝在较高的温度发生相变，即由奥氏体分解为铁素体、珠光体、贝氏体等。当焊缝金属发生 A→F 转变时，氢的溶解度会突然下降。同时氢在铁素体、珠光体中的扩散速度较大，氢很快从焊缝穿过熔合区向未发生分解的奥氏体热影响区中扩散。氢在奥氏体中的扩散速度小，在熔合区附近形成氢聚集。当滞后相变的热影响区发生 A→M 转变时，氢以过饱和状态残存于马氏体中。如果热影响区存在微观缺欠，如显微杂质和微孔，氢会在这些原有微观缺欠处不断扩展，直至形成宏观裂纹。焊接热影响区中氢的浓度足够高时，能使具有马氏体组织的热影响区进一步脆化，形成焊道下裂纹；氢的浓度稍低时，仅在有应力集中的部位出现裂纹，容易形成焊趾裂纹和根部裂纹。

5.3.3.3　焊接接头的拘束应力

　　高强钢焊接时产生冷裂纹除了取决于钢的淬硬倾向和氢的有害作用，还取决于焊接接头所处的应力状态，某些情况下应力状态还起决定作用。焊接接头的拘束应力主要包括热应力、相变应力及结构自身拘束条件（包括结构形式等）所造成的应力，前两种称为内拘束应力，后一种称为外拘束应力。内、外拘束应力共同作用，使焊接接头处产生很大的应力，是产生冷裂纹的重要因素之一。

焊接接头拘束应力的大小取决于其受拘束的程度，可以采用拘束度 R 来表示。R 的定义为单位长度焊缝在根部间隙产生单位长度的弹性位移所需的力。拘束度表示在不同焊接条件下，冷却过程中所产生的拘束应力的程度。同样板厚的材料，由于接头的坡口形式不同，即使同样的拘束度，也会有不同的拘束应力。对于不同的坡口形式，拘束应力按下列顺序依次减小：半 V 形、K 形、斜 Y 形、X 形和正 Y 形。其中以正 Y 形坡口的接头拘束应力最小，而半 V 形坡口拘束应力最大。

焊接时产生的拘束应力不断增大，当增大到开始产生裂纹时，称为临界拘束应力 σ_{cr}。它反映了产生延迟裂纹各个因素共同作用的结果，如钢种的化学成分、接头的含氢量、冷却速度和组织状态等。

焊接时产生和影响拘束应力的主要因素如下：焊缝和热影响区在不均匀加热和冷却过程中的热应力；金属相变时由于体积的变化而引起的组织应力；结构在拘束条件下产生的应力，结构形式、焊接位置、施焊顺序及方向、部件自身刚性、冷却过程中其他受热部位的收缩以及夹持程度都会使焊接接头承受不同的应力。

5.3.4　冷裂纹的防治措施

冷裂纹的防治主要是对影响冷裂纹的三大要素进行控制，如改善接头组织、消除氢的来源和尽可能降低焊接应力。常用措施主要是控制母材的化学成分，合理选用焊接材料、确定合理的接头形式和严格控制焊接工艺参数，必要时采用焊后热处理等。

5.3.4.1　控制母材的化学成分

从设计上选用抗冷裂纹性能好的钢材，把好进料关。选择碳当量 C_{eq} 或冷裂纹敏感指数 P_{cm} 小的钢材，因为钢种的 C_{eq} 或 P_{cm} 越高，淬硬倾向越大，产生冷裂纹的可能性越大。近年来各国都在致力于发展低碳、纯净和多元合金化的新钢种，发展了一些无裂纹钢（如控轧控冷钢），这些钢具有良好的焊接性，中、厚板焊接也无需预热。

5.3.4.2　合理选择和使用焊接材料

主要目的是减少氢的来源和改善焊缝金属的塑性和韧性。

（1）选用低氢和超低氢焊接材料。在焊接生产中，对于不同强度级别的钢种，都有相应配套的焊条、焊丝和焊剂，基本上可以满足要求。碱性焊条每百克熔敷金属中的扩散氢含量仅几毫升，而酸性焊条可高达几十毫升，所以碱性焊条的抗冷裂纹性能优于酸性焊条。重要的低合金高强钢结构的焊接，原则上都应选用碱性焊条。

（2）严格烘干焊条和焊剂。焊条和焊剂要妥善保管，不能受潮。焊前必须严格烘干，使用碱性焊条更应如此。随着烘干温度的升高，焊条扩散氢含量明显下降，如图 5-14 所示。

通常将焊条加热到 400℃ 左右扩散氢含量已接近最低点。为了防止温度过高引起药皮

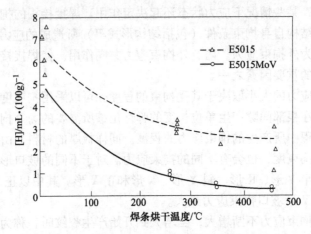

图 5-14　焊条烘干温度与扩散氢含量的关系

变质，一些低氢焊条在 350℃烘干 2h、超低氢焊条在 400℃烘干 2h 比较合适。在现场使用经烘干的焊条，应放在焊条保温筒内，随用随取，以防吸潮。

（3）选用低匹配焊条。选用强度级别比母材略低的焊条有利于防止冷裂纹，因强度较低的焊缝不仅本身冷裂纹倾向小，而且由于容易发生塑性变形，从而降低了接头的拘束应力，使焊趾、焊根等部位的应力集中效应相对减小，改善了热影响区的冷裂纹倾向。日本在 800MPa 钢厚壁承压水管焊接件的制造中，认为焊缝强度为母材强度的 82%时，可以达到使用性能要求。

此外，还可以采用"软层焊接"的方法制造一些高强度钢的球形容器和反应堆外壳。即用抗裂性较好的焊材作底层，内层采用与母材等强度的焊材，而表层 2～6mm 采用稍低于母材的焊材，这样可增加焊缝金属的塑性储备，降低焊接接头的拘束应力，提高其抗裂性能。

（4）选用奥氏体焊条。采用奥氏体焊条焊接淬硬倾向较大的低、中合金高强度钢能避免冷裂纹。因为奥氏体焊缝可以溶解较多的氢，同时奥氏体组织的塑性好，可以减小接头的拘束应力。但必须注意，奥氏体焊缝强度低，对承受主应力的焊缝，只有在接头强度允许的情况下才能使用；焊接时要采用小的焊接电流，使熔合比减小，如果焊接电流大，熔合比的增大将使焊缝边界过渡层的 Cr、Ni 稀释，在过渡层中可能出现淬硬的马氏体组织，从而增大冷裂倾向。使用奥氏体焊条焊接高强度钢时，仍然需要限制含氢量，否则，当焊缝与近缝区氢的含量变化较大时，仍会通过熔合区向近缝区扩散，导致冷裂纹的出现。

（5）提高焊缝金属韧性。通过焊接材料在焊缝中增加某些微量合金元素，如 Ti、Nb、Mo、V、B 等元素来韧化焊缝，也能减小冷裂纹倾向。因为在拘束应力作用下，利用焊缝足够的塑性储备，可以减轻热影响区的负担，从而提高整个焊接接头的抗裂性。

5.3.4.3　正确制定焊接工艺

焊接工艺包括控制焊接热输入、预热及层间温度、焊后热处理、合理的接头形式和正确的施焊顺序等。目的在于改善热影响区和焊缝组织，促使氢的逸出以及减小焊接拘束应力。

（1）严格控制焊接热输入。高强度钢对焊接热输入较为敏感。热输入过大会使热影响区奥氏体晶粒粗化，接头韧性下降，降低其抗裂性能；热输入过小，则冷却速度大，易淬硬并增大其冷裂纹倾向。合理的做法是在保证焊接接头韧性的前提下，适当加大焊接热输入。这样可增大冷却时间，减小热影响区的淬硬倾向和有利于氢的扩散逸出，达到防止冷裂纹产生的目的。对每种钢经工艺性试验或评定合格的焊接热输入，都应严格执行，不应随意变动。

（2）合理选择预热温度。预热是防止冷裂纹的有效措施。预热的目的是为了增大热循环的低温参数，减小淬硬性和有利于氢的充分扩散逸出。预热温度的选择必须视施焊环境温度、钢材强度等级、焊件厚度或坡口形式、焊缝金属中扩散氢含量等因素而定。预热温度过高，一方面恶化了劳动条件，另一方面在局部预热的条件下，由于产生附加应力，会促使产生冷裂纹。因此，不是预热温度越高越好，而应合理地选择预热温度。

由斜 Y 形坡口铁研试验所建立的经验公式：

$$T_0 = 1440P_c - 392$$

式中　T_0——预热温度，℃；

　　　P_c——焊接裂纹敏感指数。

国产低合金钢在插销试验条件下确定的经验公式：

$$T_0 = 324P_{cm} + 17.7[H] + 0.14\sigma_b + 4.72\delta - 214$$

式中　P_{cm}——冷裂纹敏感指数；

　　[H]——熔敷金属的扩散氢含量（GB/T 3965 甘油测氢法），mL/100g；

　　　σ_b——被焊金属的抗拉强度，MPa；

　　　δ——被焊件厚度，mm。

按上述公式确定的是整体预热温度。对于大型焊接结构，采用整体预热有困难，常采用局部预热。通常是在焊缝两侧各 100~200mm 范围内进行预热。局部预热温度不宜过高，否则会产生附加应力。可采用履带式电热器或火焰加热器进行局部预热。

预热温度基本确定后，需根据下列情况进行适当调整：当施焊环境温度较低时，如零下 10℃，预热温度应适当提高；采用低氢的焊接方法时，如 CO_2 气体保护焊或氩弧焊等，预热温度可适当降低；采用低匹配的焊接材料时，可降低预热温度；坡口根部造成的应力集中显著时，预热温度应适当提高；焊后采取紧急后热，也可适当降低预热温度。

（3）紧急后热。因焊接冷裂纹存在潜伏期，一般在焊后一段时间后产生。所以，如果在裂纹产生之前能及时进行加热处理，即紧急后热，也能达到防止冷裂纹的目的。紧急后热工艺的关键在于及时，一定要在热影响区冷却到产生冷裂纹的上限温度 T_{uc}（一般在 100℃）之前迅速加热，加热温度也应高于 T_{uc}，并需保温一定时间。

后热的作用是使扩散氢在温度 T_{uc} 以上能充分扩散逸出。若焊后间隔时间较长，裂纹已经产生，后热就失去了意义。选用合适的后热温度，可以适当降低预热温度或代替某些重大焊件的中间热处理，改善劳动条件。例如 HQ80 高强度钢由于采用后热（200℃ 条件下保温 1h）可以降低预热温度近 100℃。后热不仅能减小扩散氢含量，也能韧化热影响区和焊缝组织。

多层焊时，后层对前层有消氢和改善热影响区组织的作用，前层焊道的余热又相当于对后层焊道进行了预热。因此，多层焊时的预热温度比单层焊时适当降低，要使多层焊发挥消氢作用关键在于控制层间温度不能低于预热温度。因此，如果条件允许，应尽量采用短段多层焊，控制每一焊道的间隔时间，避免因层间温度过高，引起接头过热脆化。

5.3.4.4　加强工艺管理

许多焊接裂纹事故并不是由于母材或焊材选择不当或结构设计不合理，而是由于施工质量差所造成的。要防止焊接冷裂纹，在施工中应注意以下事项。

（1）彻底清理焊接坡口。焊前对焊接坡口及其两侧约 10mm 范围用砂轮等仔细清理，去除铁锈、油污和水分等，并防止已清理过的坡口被再次污染。

（2）保证焊条或焊剂的烘干。未经烘干的焊条或焊剂不得使用。若条件允许，每位焊接操作者都应配备焊条保温筒，保证用前焊条处于干燥状态。

（3）提高装配质量。避免出现过大错边或过大的装配间隙，以免造成未焊透、夹渣或焊缝成形不良等缺陷。尽量不使用夹具进行强制装配，以免造成过大的装配应力和拘束应力，这些都会增加冷裂纹倾向。

（4）保证焊接质量。对于重要焊接结构，如压力容器等，严格执行操作者持证上岗制度，按工艺规程操作，防止发生气孔、夹渣、未焊透、咬边等工艺缺陷，这些缺陷构成局部应力集中，成为氢的富集场所，从而增加了冷裂纹倾向。

（5）注意施工环境。避免在阴雨潮湿天气中施工，冬天在室外焊接时，要有防风雪措施，以免焊缝冷却过快。

任务 5.4　其他裂纹的控制

5.4.1　再热裂纹

含有沉淀强化元素的高强钢和高温合金，在焊后并未发现裂纹，而在热处理过程中出现了裂纹，这种裂纹称为"消除应力处理裂纹"，简称 SR 裂纹。

焊接结构在一定温度条件下工作，即使在焊后消除应力处理过程中不产生裂纹，在 500~600℃长期工作时也会产生裂纹。工程上常把上述两种情况下产生的裂纹（消除应力过程和服役过程），统称为"再热裂纹"。再热裂纹如图 5-15 所示。

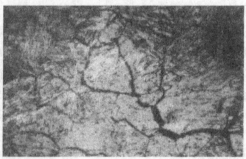

图 5-15　18MnMoNb 钢的再热裂纹

5.4.1.1　再热裂纹的主要特征

（1）再热裂纹发生在焊接热影响区粗晶部位，并呈晶间开裂，裂纹的走向是沿熔合线母材侧的奥氏体粗晶晶界扩展，遇细晶就停止扩展。

（2）残余应力与应力集中二者必须同时存在，否则不会产生再热裂纹。应力集中系数 K 越大，产生再热裂纹所需 σ_{cr} 越小。

（3）产生再热裂纹存在一个最敏感的温度区间，这个区间与再热温度及再热时间有关。奥氏体不锈钢和一些高温合金约在 $700 \sim 900℃$ 之间，对于沉淀强化的低合金钢约在 $500 \sim 700℃$ 之间，随材料的不同而变化。

（4）含有一定沉淀强化元素的金属材料才具有产生再热裂纹的敏感性，碳素钢和固溶强化的金属材料，一般都不产生再热裂纹。

5.4.1.2　再热裂纹的机理

再热裂纹的产生是由晶界优先滑动导致微裂（形核）而发生和扩展。即在焊后再热处理时，残余应力松弛过程中，粗晶区应力集中部位的晶界滑动变形量超过了该部位的塑性变形能力，就会产生再热裂纹。产生再热裂纹的条件：

$$e > e_c$$

式中　e——粗晶区局部晶界的实际塑性变形量；

e_c——粗晶区局部晶界的塑性变形能力，即再热裂纹的临界塑性变形量。

（1）晶界杂质析集弱化作用。杂质在晶界析集而造成脆化，对产生再热裂纹具有重要的作用。钢中 P、S、Sb、Sn、As 等元素，在 $500 \sim 600℃$ 再热处理过程中向晶界析集，降低晶界的塑性变形能力。

产生裂纹临界塑性变形量：

$$e_c = L(1 + \alpha T)\left(\frac{\sigma_R}{E} - \frac{\sigma_c}{E_c}\right)$$

式中　L——试件的拘束距离；

α——钢材的线膨胀系数；

T——再热温度；

σ_R——初始残余应力；

σ_c——产生裂纹时的应力；

E——常温时的弹性模量；

E_c——再热温度时的弹性模量。

当 e_c 值越小时，再热裂纹的敏感性越大。Sb、S、P、As 和 Sn 等杂质含量增多，产生再热裂纹的塑性变形量显著减少，尤其是 Sb 影响。

（2）晶内沉淀强化作用。前面已经指出，并不是所有的钢和合金都具有再热裂纹的敏感性，只有那些含有沉淀强化元素的钢和合金才具有再热裂纹的问题。研究表明，Cr、Mo、V、Nb 等元素的碳、氮化物，镍基合金中的沉淀相，在一次焊接热作用下因受热而固溶（高于 $1100℃$），在焊后冷却时不能充分析出，而在二次加热再热处理过程中，由晶内析出碳、氮化物及沉淀相，从而晶内强化，这时，应力松弛所产生的变形就集中于晶界，当晶界的塑性不足时，就会产生再热裂纹。

（3）蠕变断裂理论。再热温度条件下蠕变断裂机制可有两种模型：

1）应力集中产生的"楔型开裂"。蠕变条件下，发生应力松弛的三晶粒交界处产生应力集中，当此应力超过晶界的结合力时就会在此处产生裂纹。

裂纹开裂所需的应力：

$$\sigma_c = \sqrt{\frac{3E\left[2(\gamma_s + \gamma_p) - \gamma_b\right]}{2d}}$$

$$\sigma_p = \sqrt{\frac{2E\left[2(\gamma_s + \gamma_p') - \gamma_b\right]}{(1 - \nu^2)\pi d}}$$

式中　E——弹性模量；

　　　γ_s——开裂断口单位面积的表面能；

　　　γ_p——伴随开裂的塑性变形功；

　　　γ_b——由于杂质而降低晶界能；

　　　d——晶粒直径；

　　　γ_p'——裂纹扩展时的塑性变形功；

　　　ν——泊松比。

晶界有杂质存在时，γ_s、γ_p和γ_p'有不同程度的降低，因而σ_c和σ_p也会降低，易于发生再热裂纹。

2）空位聚集而产生的"空位开裂"。点阵空位在应力和温度的作用下，能够产生运动，当空位聚集到与应力方向垂直的晶界上达到足够的数目时，晶界的结合面就会遭到破坏，在应力继续作用下，使之扩大而成为裂纹。

空位聚集开裂之前先形成空穴，空穴形核所得空位浓度与应力有关。形成稳定空穴所需的最小能量如下：

$$W = \frac{256\pi^3\gamma^3}{27A^2}$$

式中　γ——形成空穴单位面积的表面能；

　　　A——与空位浓度和应力有关的常数。

金属在热处理过程中就可以获得足够的能量，当金属发生蠕变时，通过空位的运动、聚集而形成空穴，逐渐长大成为裂纹。另一方面如有杂质沿晶分布，也可作为空穴的发源地。

5.4.1.3　再热裂纹的影响因素及其防治

影响再热裂纹的主要因素是钢种的化学成分（直接影响粗晶区的塑性）和焊接区的残余应力（特别是应力集中部位）。

（1）冶金因素。

1）化学成分对再热裂纹的影响随钢种的不同而有所差异。对于珠光体耐热钢，钢中含 Mo 量越多，Cr 的影响越大。但当达到一定含量时（如 $w(\text{Mo}) = 1\%$，$w(\text{Cr}) = 0.5\%$ 时），随 Cr 增多，SR 裂纹率反而下降。在此钢中含有 V 时，SR 裂纹率显著增加。

2）钢的晶粒度对再热裂纹有明显影响。高强钢的晶粒度越大，则晶界开裂所需的应力 σ_{gc} 越小，也就越容易产生再热裂纹。另外，钢中的杂质（Sb）越多，也会降低晶界开裂所需的应力 σ_{gc}。

3）焊接接头不同部位和缺口效应对再热裂纹的影响也有不同。

（2）焊接工艺因素。焊接工艺因素包括焊接方法、线能量、预热、后热温度以及焊接材料匹配问题等。

1）焊接方法的影响。根据结构的形状、板厚及使用上的要求不同，采用的焊接方法不同。对于一般压力容积、船只、桥梁、管道和发电设备等，多采用手工电弧焊和自动埋弧焊，有时也采用电渣焊和气体保护焊等。这些焊接方法在正常情况下的焊接线能量不同，大的焊接线能量会使过热区的晶粒粗大，其中电渣焊最为严重。因此，对于一些晶粒长大敏感的钢种，埋弧焊时再热裂纹的敏感性比手工电弧焊时为大。但对一些淬硬倾向较大的钢种，手弧焊反而比埋弧焊时的再热裂纹倾向大。

2）预热及后热的影响。预热可以有效地防止冷裂纹，但对防止再热裂纹，必须采用更高的预热温度或配合后热才能有效。例如焊接 14MnMoNbB 钢，预热 200℃ 可以有效地防止冷裂纹，但是经过 600℃、6h SR 处理便产生再热裂纹。如果预热温度提高到 270～300℃，或者预热 200℃ 焊后立即进行 270℃、5h 的后热，均可防止产生再热裂纹。但有些钢种（如德国钢 BHW38），即使预热温度再高，也难以消除再热裂纹，必须采用其他方面的措施才能有效（如使用特制的高韧性焊条）。

3）选用低匹配的焊接材料。适当降低在 SR 温度区间焊缝金属的强度，提高它的塑性和韧性，对降低再热裂纹的敏感性是有益的。例如，焊接美国 A514 钢时，采用不同强度级别焊条，再热裂纹率随焊条强度的增高而增大。

4）降低残余应力和避免应力集中。残余应力本应在 SR 处理过程中消除。但对残余应力较大的焊件，在进行 SR 处理之前就有可能造成粗晶区微裂，在 SR 处理过程中会加速产生再热裂纹。

应力集中对产生再热裂纹是十分明显的。例如，制造 BHW38 钢锅炉汽包时，由于大口径下降管在高压汽包上采用"内伸式"结构，使接口部位的刚性很大，产生很大的应力集中，从而增加了再热裂纹的敏感性。为了减小该部位的应力集中，把下降管的顶端改为与汽包筒体内壁平齐，因而大大降低了再热裂纹的敏感性。

此外，焊缝咬边、未焊透及焊缝表面的余高，都会使热影响区的粗晶部位产生应力集中，不同程度地增大了再热裂纹的敏感性。

5.4.2　层状撕裂

大型厚壁结构，在焊接过程中会沿钢板的厚度方向出现较大的拉伸应力，如果钢中有较多的夹杂，那么沿钢板轧制方向出现一种台阶状的裂纹，称为层状撕裂。

5.4.2.1　层状撕裂的特征及其产生位置

A　层状撕裂的特征

（1）层状撕裂是一种内部沿轧向的应力开裂，特征是呈阶梯状；

（2）层状撕裂由平行于轧向的平台和大体垂直于平台的剪切壁组成；

（3）层状撕裂常出现在 T 形接头、角接头和十字接头；

（4）层状撕裂主要与夹杂量及分布形态有关。

层状撕裂与冷裂纹不同，它的产生与钢种强度级别无关，主要是与钢中的夹杂量及分布形态有关，因此，在撕裂的平台部位常发现不同种类的非金属夹杂物。层状撕裂不仅出现在厚钢板中，也出现在铝合金的板材中。

B　层状撕裂产生的位置

（1）焊接热影响区焊趾或焊根处由冷裂纹而诱发形成的层状撕裂；

（2）焊接热影响区沿夹杂开裂，是常见的层状撕裂；

（3）远离焊接热影响区母材中沿夹杂开裂，这种情况多出现在有较多 MnS 的片状夹杂的厚板结构中。

层状撕裂主要发生在低合金高强钢的厚板焊接结构中，多用于海洋采油平台、核反应堆压力容器及潜艇外壳等重要结构。由于层状撕裂的钢材外观上没有任何迹象，而现有的无损检测手段又难以发现，即使能够判明结构中有层状撕裂，但也难以修复，造成巨大的经济损失。特别严重的是，由层状撕裂引起的事故往往是灾难性的，因此，研究层状撕裂的形成机理，防止层状撕裂的发生已经是焊接工程上一项重要的研究任务。

5.4.2.2　层状撕裂的形成机理及其影响因素

A　层状撕裂的形成机理

厚板结构焊接时，特别是 T 形和角接接头，在强制拘束的条件下，焊缝收缩时会在母材厚度方向产生很大的拉伸应力和应变，当应变超过母材金属的塑性变形能力时（沿板厚方向），夹杂物与金属基体之间就会发生分离而产生微裂，在应力的继续作用下，裂纹尖端沿着夹杂所在平面进行扩展，就形成了所谓"平台"。这种平台可能在多处产生，与此同时，在相邻两个平台之间，由于不在一个平面上而发生剪切应力，造成了剪切断裂，形成所谓"剪切壁"。连接这些平台和剪切壁，就构成了层状撕裂所特有的阶梯形态。

B　影响层状撕裂的因素

（1）非金属夹杂物的种类、数量和分布形态。钢中夹杂物有硫化物、硅酸盐和铝酸盐等。铝酸盐夹杂物呈球形分布，对层状撕裂的敏感性稍差，而硫化物和硅酸盐都是呈不规则的条形分布，对层状撕裂的敏感性稍大。

夹杂物在钢中分布及含量可用两个物理量来确定：

1）夹杂物的体积比：是指试样中夹杂物的总体积与试样总体积之比；

2）夹杂物的累积长度：是指单位面积上夹杂长度的总和。Z 向的断面收缩率 φ_Z 是随夹杂物的体积比和累积长度的增加而显著下降。

（2）Z 向拘束应力。厚壁结构在焊接过程中承受不同程度的 Z 向拘束应力，同时还有焊后的残余应力及负载，它们是造成层状撕裂的力学条件。在一定焊接条件下，某种钢存在一个 Z 向临界拘束应力，超过此值便产生层状撕裂。

（3）氢的影响。在焊缝热影响区附近，由冷裂诱发成为层状撕裂中氢是一个重要的影响因素。但远离热影响区的母材处产生的层状撕裂，焊缝中的氢就不会产生影响，所以氢的影响应根据具体条件而定。

除了上述的主要影响因素外，还有一些其他的影响因素。例如，热应变会引起母材发生脆化，使金属的塑性和韧性下降，容易在该部位产生层状撕裂。

5.4.2.3 层状撕裂的判断依据

层状撕裂的危害甚为严重，因此需要在施工之前，对钢材层状撕裂的敏感性作出判断。常用的评定方法有 Z 向拉伸断面收缩率和插销 Z 向临界应力。前者多用于无氢条件下母材的评定，后者多用于有氢条件下的焊接热影响区评定。

（1）Z 向拉伸断面收缩率 φ_Z 为判据。采用 Z 向拉伸断面收缩率作为评定层状撕裂的判据。当板厚 60mm 以下时，试样的直径为 10mm；当厚度大于 60mm 时，试样的直径为 15mm 为宜。为防止层状撕裂，断面收缩率应不小于 15%，一般希望断面收缩率在 15% 到 20% 之间。

（2）插销 Z 向应力为判据。钢中化学成分，特别是含硫量对层状撕裂有重要的影响。为此，在大量试验的基础上提出了层状撕裂敏感性评定公式。

$$P_L = P_{cm} + \frac{[H]}{60} + 6[S]$$

式中 P_L——层状撕裂敏感指数；

  P_{cm}——化学成分裂纹敏感系数；

  [H]——扩散氢含量；

  [S]——钢中硫的含量。

应当指出，公式是根据插销试验的结果建立的，所以这种判断只能适用于焊接热影响区附近发生的层状撕裂。另外，此公式仅考虑了硫的作用，而对硅酸盐、铝酸盐等氧化物夹杂的影响未作考虑，因此具有局限性。

5.4.2.4 防治层状撕裂的措施

（1）选用具有抗层状撕裂的钢材。工程实践表明，降低钢中夹杂物的含量和控制夹杂物的形态，来提高钢板厚向的塑性是有效的。

1）精炼钢。采用铁水先期脱硫的办法，并用真空脱气（主要是氧和氮），可以冶炼出含硫只有 0.003%~0.005% 的超低硫钢，它的断面收缩率（Z 向）可达 23%~45%。炉外精炼亦可冶炼出高纯净钢，它的办法是向钢液内吹入氮气，促使夹杂物上浮。

此外，采用粉末状的钙和镁合金化合物与惰性气体一起吹入钢液中，也能获得显著的脱氧脱硫效果。还有许多其他精炼的方法，可以冶炼出含氮含硫极低的钢材（含硫量只有 10×10^{-6}~30×10^{-6}），Z 向断面收缩率可达 60%~75%。选用这类钢材制造大型重要的焊接结构，可以完全解决层状撕裂问题。

2）控制硫化物夹杂的形态。是把钢中 MnS 变成其他元素的硫化物，使在热轧时难以伸长，从而减轻各向异性。目前广泛使用的添加元素是钙和稀土元素，经过上述处理的钢，Z 向断面收缩率可达 50%~70%，足以抗层状撕裂。

（2）设计和工艺上的措施。从防止层状撕裂的角度出发，在设计和施工工艺上主要是避免 Z 向应力和应力集中，具体措施如下：

1）应尽量避免单侧焊缝，改用双侧焊缝，这样可以缓和焊缝根部的应力状态，并防止应力集中。

2）在强度允许的情况下，尽量采用焊接量少的对称角焊缝来代替焊接量大的全焊透焊缝，以避免产生过大的应力。

3）应在承受 Z 向应力的一侧开坡口。

4）对于 T 形接头，可在横板上预先堆焊一层低强的熔敷金属，以防止焊根出现裂纹，同时亦可缓和横板的 Z 向应力。

5）为防止由冷裂引起的层状撕裂，应尽量采用一些防止冷裂的措施，如降低氢量、适当提高预热、控制层间温度等。

 ## 思考题

5-1　填空题

1. 按照产生裂纹的本质，焊接裂纹分为：热裂纹、_____、_____、_____和_____。

2. 从现象来看，影响结晶裂纹的因素很多，但从本质来看，主要可归纳为两方面，即_____和_____。

3. 在结晶过程中，_____阶段产生裂纹的倾向最大。

4. 在实际的焊接生产过程中，热裂纹以_____裂纹为主。

5. _____裂纹起源于母材与焊缝交界处，并有明显应力集中部位。

5-2　判断题

1. 延迟裂纹是冷裂纹的一种常见形式。　　　　　　　　　　　　　　　　（　　　）

2. 硫和磷在钢中能形成多种低熔共晶，使结晶过程极易形成液态薄膜，因而显著增大裂纹倾向。　　　　　　　　　　　　　　　　　　　　　　　　　　　　（　　　）

3. 预热是防止冷裂纹的有效措施。　　　　　　　　　　　　　　　　　　（　　　）

4. 选用强度级别比母材略高的焊条有利于防止冷裂纹。　　　　　　　　　（　　　）

5. 多边化裂纹多发生在纯金属或单相奥氏体焊缝中，个别情况下也出现在热影响区中。
　　　　　　　　　　　　　　　　　　　　　　　　　　　　　　　　（　　　）

5-3　简答题

1. 焊接裂纹会对焊接结构造成什么影响？

2. 简述焊接裂纹的种类及其特征。

3. 分析业态薄膜的成因及其对产生热裂纹的影响。

4. 什么是脆性温度区间？在脆性温度区间内为什么金属的塑性很低？

5. 液化裂纹和结晶裂纹为什么都是沿晶界开裂？

6. 简述焊接冷裂纹的特征及其影响因素。

7. 简述氢在产生冷裂纹过程中的作用。

8. 为什么预热有防止冷裂纹的作用？它对防止热裂纹是否也有这种作用？

9. 再热裂纹为什么常产生在应力集中的部位？

项目 6 焊 接 材 料

焊接时所消耗的材料叫焊接材料，熔焊的焊接材料有焊条、焊丝、焊剂、气体、电极及溶剂等，如图 6-1 所示。生产高质量的焊接结构，必须要有优质的焊接材料做保证。而焊接材料品种繁多，性能与用途各异，其选用是否合理，焊接材料选用正确与否，不仅影响焊接过程的稳定性、接头性能和质量，同时也影响焊接生产率和产品成本。因此，从事焊接技术工作的人员，必须对常用焊接材料的性能特点有比较全面的了解，才能在实际工作中做到合理选用，主动控制焊缝金属的成分与性能，从而获得优质的焊接接头。

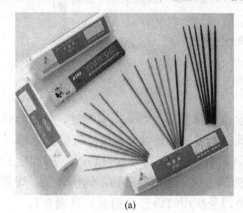

(a) (b)

图 6-1 焊接材料

(a) 焊条；(b) 焊丝

例如：某厂在不锈钢产品制造中选择焊条原则如下：

牌号 A102 对应的 0Cr19Ni9；牌号 A137 或 A132 对应的 1Cr18Ni9Ti。316L 选用牌号 A022 焊条。Cr16Ni25Mo 钢选用牌号 A502、A507 焊条。

焊接材料是焊接时所消耗的统称，包括焊条、焊丝、焊剂、气体等。

生产高质量的焊接结构，必须要有优质的焊接材料做保证。而焊接材料的品种繁多，性能与用途各异，其选用是否合理，不仅直接影响焊接接头的质量，还会影响焊接生产率、成本及焊工的劳动条件。因此，从事焊接技术工作的人员，必须对焊接材料的性能特点有比较全面的了解，才能在实际工作中做到合理选用，主动控制焊缝金属的成分与性能，从而获得优质的焊接接头。

任务 6.1 焊   条

焊条是焊条电弧焊用的焊接材料。焊条电弧焊时，焊条既作电极，又作填充金属，熔化后与母材熔合形成焊缝。因此，焊条的性能将直接影响到电弧的稳定性，焊缝金属的化学成分、力学性能和焊接生产率。

6.1.1　焊条的组成及其作用

6.1.1.1　焊条组成

涂有药皮的供弧焊用的熔化电极称为电焊条，简称焊条。焊条由焊芯和药皮（涂层）组成，如图 6-2 所示。通常焊条引弧端有 45°左右倒角，药皮被除去一部分，露出焊芯端头，有的焊条引弧端涂有引弧剂，使引弧更容易。在靠近夹持端的药皮上印有焊条牌号。

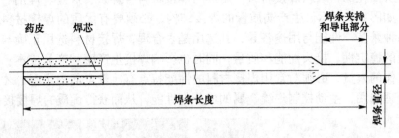

图 6-2　焊条的组成

6.1.1.2　焊芯

（1）焊芯的作用。焊条中被药皮包覆的金属芯称焊芯。焊条电弧焊时，焊芯与焊件之间产生电弧并熔化为焊缝的填充金属。焊芯既是电极，又是填充金属。按国家标准《焊接用钢丝》（GB/1495.7—1999）和《焊接用不锈钢丝》（GB/17854—1999）的规定，用于焊芯的专用的金属丝（称焊丝）分为碳素结构钢、低合金结构钢和不锈钢 3 类。焊芯的成分将直接影响着熔敷金属的成分和性能，各类焊条所用的焊芯（钢丝）见表 6-1。

表 6-1　各类焊条所用的焊芯

焊条种类	所用焊芯
低碳钢焊条	低碳钢焊芯（H08A 等）
低合金高强钢焊条	低碳钢或低合金钢焊芯
低合金耐热钢焊条	低碳钢或低合金钢焊芯
不锈钢焊条	不锈钢或低碳钢焊芯
堆焊用焊条	低碳钢或合金钢焊芯
铸铁焊条	低碳钢、铸铁、非铁合金焊芯
有色金属焊条	有色金属焊芯

焊条中被药皮包覆的金属芯称为焊芯，焊芯一般是一根具有一定长度及直径的钢丝。焊接时，焊芯有两个作用：一是传导焊接电流，产生电弧把电能转换成热能；二是焊芯本身熔化作填充金属与液体母材金属形成焊缝。一般碳钢和低合金钢焊条是选用低碳钢焊芯，焊芯由碳素焊条钢盘条加工而成。常用的低碳钢焊芯有 H08A 和 H08E 两个牌号，其化学成分见表 6-2。

表 6-2　低碳钢焊芯的化学成分　　　　　　　　　　（%）

牌号	$w(C)$	$w(Si)$	$w(Mn)$	$w(P)$	$w(S)$	$w(Ni)$	$w(Cr)$	$w(Cu)$
H08A	≤0.10	<0.030	0.30~0.55	≤0.030	≤0.030	≤0.30	≤0.20	≤0.20
H08E	≤0.10	<0.030	0.30~0.55	≤0.020	≤0.020	≤0.30	≤0.20	≤0.20

（2）焊芯中各合金元素对焊接质量的影响。焊芯中的合金元素有碳、锰、硅、铬、镍及有害杂质硫、磷等，它们对焊接质量的影响见表 6-3。

表 6-3　合金元素对焊接质量的影响

合金元素	合金元素对焊接质量的影响
碳	碳是一种良好的脱氧剂，在高温时与氧化合生成一氧化碳和二氧化碳气体，能将电弧区和熔池周围空气排除，减少空气中氧、氮等有害气体对熔池的不良作用，减少焊丝金属中氧和氮的含量。但含碳量过高，还原作用剧烈，会引起较大的飞溅和气孔，同时会明显提高焊缝强度、硬度，降低塑性。所以焊芯中含碳量一般不大于 0.1%
锰	锰是一种较好的合金剂和脱氧剂。锰既能减少焊缝中氧的含量，又能与硫化合形成硫化锰起脱硫作用，减少焊缝热裂纹倾向。锰作为合金元素能提高焊缝的力学性能
硅	硅是一种较好的合金剂，适量的硅能提高焊缝的强度、弹性及耐酸性能。硅也是一种较好的脱氧剂，比锰的脱氧能力还强，易于氧形成二氧化硅，但是它会提高渣的黏度，促使非金属夹杂物生成，降低塑性和韧性。且过多的二氧化硅还会增加焊接熔化金属的飞溅。因此，焊芯中硅含量一般控制在 0.03% 以下
铬	铬是一种重要的合金元素，用它来冶炼合金钢和不锈钢，能够提高钢的硬度、耐磨性和耐蚀性。对于低碳钢来说，铬是一种杂质，主要是易于氧化，形成难溶的三氧化二铬，不仅使焊缝产生夹渣而且使熔渣黏度提高，降低流动性。因此，焊芯中的含铬量限制在 0.20% 以下
镍	镍对低碳钢来说，是一种杂质。因此，焊芯中的含镍量要求小于 0.30%。镍对钢的韧性有比较显著的影响，一般低温冲击韧性值要求较高时，适当掺入一些镍
硫	硫是一种有害杂质，能使焊缝金属力学性能降低。硫的危害是随着硫含量的增加，将增大焊缝的结晶裂纹倾向。因此，焊芯中硫的含量不得大于 0.04%，在焊接重要结构时，硫含量不得大于 0.03%
磷	磷是一种有害杂质，能使焊缝金属力学性能降低。磷的主要危害是使焊缝产生结晶裂纹及冷脆，造成焊缝金属的韧性，特别是低温冲击韧性下降。因此，焊芯中磷含量不得大于 0.04%，在焊接重要结构时，磷含量不得大于 0.03%

（3）焊芯的牌号。碳钢和合金钢结构焊芯的牌号编制方法为：字母"H"表示焊丝；"H"后的一位或两位数字表示含碳量；化学元素符号及其后的数字表示该元素的近似含量，当某合金元素的含量低于 1% 时，可省略数字，只记元素符号；尾部标有"A"或"E"时，分别表示为"优质品"或"高级优质品"，表明 S、P 等杂质含量更低。碳钢焊芯 H08MnA 牌号的意义如下：

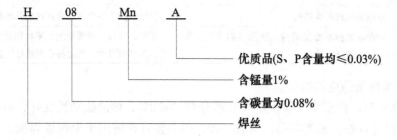

6.1.1.3　药皮

（1）药皮的作用。涂敷在焊芯表面的有效成分称为药皮，也称涂层。焊条药皮是矿石粉末、铁合金粉、有机物和化工制品等原料按一定比例配制后压涂在焊芯表面上的一层涂料。其作用是：

1）机械保护。焊条药皮熔化或分解后产生气体和熔渣，隔绝空气，防止熔滴和熔池金属与空气接触。熔渣凝固后的渣壳覆盖在焊缝表面，可防止高温的焊缝金属被氧化和氮化，并可减慢焊缝金属的冷却速度。

2）冶金处理。通过熔渣和铁合金进行脱氧、去硫、去磷、去氢和渗合金等焊接冶金反应，可去除有害元素，增添有用元素，使焊缝具备良好的力学性能。

3）改善焊接工艺性能。药皮可保证电弧容易引燃并稳定地连续燃烧；同时减少飞溅，改善熔滴过渡和焊缝成形等。

4）渗合金。焊条药皮中含有合金元素熔化后过渡到熔池中，可改善焊缝金属的性能。

（2）焊条药皮的组成。焊条药皮是由各种矿物类、铁合金和金属类、有机物类及化工产品等原料组成。药皮组成物的成分相当复杂，一种焊条药皮配方，一般都由八九种以上的原料组成，焊条药皮组成物按其在焊接过程中的作用可分为稳弧剂、造渣剂、造气剂、脱氧剂、合金剂、稀释剂、黏结剂及增塑、增弹、增滑剂八大类，其成分、作用如表 6-4 所示。

表 6-4　焊条药皮组成物的名称、成分及主要作用

名称	组成成分	主要作用
稳弧剂	碳酸钾、碳酸钠、钾硝石、水玻璃及大理石或石灰石、花岗岩、钛白粉等	稳弧剂的主要作用是改善焊条引弧性能和提高焊接电弧稳定性
造渣剂	钛铁矿、赤铁矿、金红石、长石、大理石、石英、花岗石、萤石、菱苦土、锰矿、钛白粉等	造渣剂的主要作用是能形成具有一定物理、化学性能的熔渣，产生良好的机械保护作用和冶金处理作用
造气剂	造气剂有有机物和无机物两大类。无机物常用碳酸盐，如：大理石、菱镁矿、白云石等；有机物常用木粉、纤维素、淀粉等	造气剂的主要作用是形成保护气氛，有效地保护焊缝金属，同时也有利于熔滴过渡
脱氧剂	锰铁、硅铁、钛铁等	脱氧剂的主要作用是对熔渣和焊缝金属脱氧
合金剂	铬、钼、锰、硅、钛、钨、钒的铁合金和金属铬、锰等纯金属	合金剂的主要作用是向焊缝金属中掺入必要的合金成分，以补偿已经烧损或蒸发的合金元素和补加特殊性能要求的合金元素
稀释剂	萤石、长石、钛铁矿、金红石、锰矿等	稀释剂的主要作用是降低焊接熔渣的黏度，增加熔渣的流动性
黏结剂	水玻璃或树胶类物质	黏结剂的主要作用是将药皮牢固地黏结在焊芯上
增塑、增弹、增滑剂	白泥、钛白粉增加塑性，云母增加弹性，滑石和纯碱增加滑性	增塑、增弹、增滑剂的主要作用是改善涂料的塑性、弹性和滑性，使之易于用机器压在焊芯上

（3）焊接焊条药皮的类型。

1）钛铁矿型。药皮中含钛铁矿（质量分数）≥30%，熔渣流动性良好，电弧稍强，熔深较深，渣覆盖良好，脱渣容易，飞溅一般，焊波整齐，适用于全位置焊接，焊接电流为交流或直流正、反接。

2）钛钙型。药皮中含质量分数为 30% 以上的氧化钛和质量分数为 20% 以下的钙或镁的碳酸盐矿石。熔渣流动性良好，脱渣容易，电弧稳定，熔深适中，焊波整齐，适用于全位置焊接。焊接电流为交流或直流正、反接。

3）高纤维素钠型。药皮中约含质量分数为 30% 左右的纤维素及其他材料，如氧化钛、锰铁及钠水玻璃等。焊接时，有机物在电弧区分解产生大量的气体，保护熔敷金属。电弧吹力大，熔深较深，熔化速度快，熔渣少，脱渣容易，飞溅一般，通常限制采用大电流焊接。适用于全位置焊接，焊接电流为直流反接，可用于管道焊接和打底焊接等。

4）高纤维素钾型。药皮中含有质量分数为 15% 以上有机物并以钾水玻璃为黏结剂。电弧稳定，焊接电流为交流或直流反接。当采用直流反接焊接时，熔深浅，适用于全位置焊接。

5）高钛钠型。药皮中含质量分数约为 30% 的氧化钛，以及少量纤维素、锰铁、硅酸盐及钠水玻璃等。电弧稳定，再引弧容易，熔深较浅，渣覆盖良好，脱渣容易，焊波整齐，适用于全位置焊接。焊接电流为交流或直流正接，但熔敷金属塑性及抗裂性能较差，适用于薄板焊接及盖面焊。

6）高钛钾型。药皮在高钛钠型基础上采用钾水玻璃作黏结剂。电弧比高钛钠型稳定，工艺性能、焊缝成形比高钛钠型好，适用于全位置焊接，焊缝表面光滑，焊波整齐，脱渣性很好，角焊缝略凸出，焊接电流为交流或直流正、反接。

7）氧化铁型。药皮中含有多量氧化铁及较多的锰铁，电弧吹力大，熔深较深，电弧稳定，再引弧容易，熔化速度快，渣覆盖好，脱渣性好，焊缝致密，略带凹度，飞溅稍大。不适宜焊薄板，适用于焊接平焊及平角焊，焊接电流为交流或直流正接。

8）低氢钠型。以碱性氧化物为主并以钠水玻璃为黏结剂，药皮主要组成物是碳酸盐矿和氟石，碱度较高。熔渣流动性好，焊接工艺性能一般，焊波较粗，角焊缝略凸出，熔深适中，脱渣性较好，焊接时要求焊条干燥，并适用短弧焊。可全位置焊接，焊接电流为直流反接。熔敷金属具有良好的抗裂性和力学性能。

9）低氢钾型。以碱性氧化物为主并以钾水玻璃为黏结剂。电弧稳定，工艺性能，焊接位置和低氢钠型相似，焊接电流为交流或直流反接。熔敷金属具有良好的抗裂性和力学性能。

6.1.2 焊条的工艺性能

焊条的工艺性能是指焊条操作时的性能，是衡量焊条质量的重要标志之一。焊条的工艺性能包括：焊接电弧的稳定性、焊缝成形性、对各种位置焊接的适应性、脱渣性、飞溅程度、焊条的熔化效率、药皮发红程度以及焊条发尘量等。

（1）焊接电弧的稳定性。焊接电弧的稳定性就是保持电弧持续而稳定燃烧的能力。它对焊接过程能否顺利进行和焊缝质量有显著的影响。

（2）焊缝成形性。焊缝成形性与熔渣的物理性能有关。

（3）各种位置焊接的适应性。

（4）脱渣性。影响脱渣性的因素有熔渣的膨胀系数、氧化性、疏松度和表面张力等。

（5）飞溅。影响飞溅大小的因素很多，熔渣黏度增大，焊接电流过大，药皮中水分过多，电弧过长，焊条偏心等都能引起飞溅的增加。

（6）焊条的熔化速度。影响焊条熔化速度的因素，主要有焊条药皮的组成及厚度、电弧电压、焊接电流、焊芯成分及直径等。

（7）药皮发红。药皮发红是指焊条焊到后半段时，由于焊条药皮温升过高而导致发红、开裂或脱落的现象。

（8）焊接发尘量。在电弧高温作用下，焊条端部、熔滴和熔池表面的液体金属及熔渣被激烈蒸发，产生的蒸气排出电弧区外即迅速被氧化或冷却，变成细小颗粒浮于空气中，而形成焊接烟尘。

6.1.3 焊条的分类

焊条种类繁多，国产焊条约有 300 多种。在同一类型焊条中，根据不同特性分成不同的型号。某一型号的焊条可能有一个或几个品种。同一型号的焊条在不同的焊条制造厂往往可有不同的牌号。

（1）焊条分类。焊条的分类方法很多，从不同的角度的分类见表 6-5。

表 6-5　弧焊焊条的分类

分类方法	类别名称	电源种类	特征字母及表示法
按药皮成分分类	不定型	不规定	
	氧化钛型	交、直流	
	钛钙型	交、直流	
	钛铁矿型	交、直流	
	氧化铁型	交、直流	
	纤维素型	交、直流	
	低氢钾型	交、直流	
	低氢钠型	直流	
	石墨型	交、直流	
	盐基型	直流	
按熔渣酸碱性分类	酸性焊条		
	碱性焊条		
按焊条用途分类	结构钢焊条		J×××
	钼和铬钼耐热钢焊条		R×××
	不锈钢焊条		G×××
			A×××
	堆焊焊条		D×××
	低温钢焊条		W×××
	铸铁焊条		Z×××
	镍和镍合金焊条		Ni×××
	铜和铜合金焊条		T×××
	铝和铝合金焊条		L×××
	特殊用途焊条		TS×××

分类方法	类别名称	电源种类	特征字母及表示法
按焊条性能分类	超低氢焊条		
	低尘低毒焊条		
	立向下焊条		
	底层焊条		
	铁粉高效焊条		
	抗潮焊条		
	水下焊条		
	重力焊条		
	躺焊条		

（2）酸性焊条和碱性焊条。根据焊条药皮的性质不同，焊条可以分为酸性焊条和碱性焊条两大类。药皮中含有多量酸性氧化物（TiO_2、SiO_2 等）的焊条称为酸性焊条。药皮中含有多量碱性氧化物（CaO、Na_2O 等）的称为碱性焊条。酸性焊条能交直流两用，焊接工艺性能较好，但焊缝的力学性能，特别是冲击韧度较差，适用于一般低碳钢和强度较低的低合金结构钢的焊接，是应用最广的焊条。碱性焊条脱硫、脱磷能力强，药皮有去氢作用。焊接接头含氢量很低，故又称为低氢型焊条。碱性焊条的焊缝具有良好的抗裂性和力学性能，但工艺性能较差，一般用直流电源施焊，主要用于重要结构（如锅炉、压力容器和合金结构钢等）的焊接。

6.1.4　焊条的型号及牌号

6.1.4.1　焊条型号

焊条型号和牌号都是焊条的代号，是国家标准中规定的焊条代号。焊接结构生产中应用最广的碳钢焊条和低合金钢焊条，相应的国家标准是《碳钢焊条》（GB/T 5117—1995）和《低合金钢焊条》（GB/T 5118—1995）。

标准规定，碳钢焊条和低合金焊条型号是根据熔敷金属的力学性能、药皮类型、焊接位置和电流种类来划分的。由字母 E 和四位数字组成。焊条型号编制方法如下：字母 "E" 表示焊条；前两位数字表示熔敷金属抗拉强度的最小值；第三位数字表示焊条的焊接位置，"0" 及 "1" 表示焊条适用于全位置焊接（平、立、仰、横），"2" 表示焊条适用于平焊及平角焊，"4" 表示焊条适用于向下立焊；第三位和第四位数字组合时表示焊接电流种类及药皮类型，见表 6-6。

在第四位数字后附加 "R" 表示耐吸潮焊条，附加 "M" 表示耐吸潮和力学性能有特殊规定的焊条，附加 "-1" 表示冲击性能有特殊规定的焊条。

低合金焊条还附有后缀字母，为熔敷金属的化学成分分类代号，见表 6-7。

如："E5015"，其含义如下：

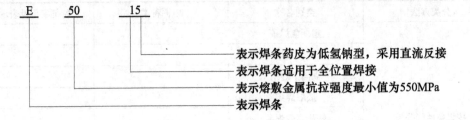

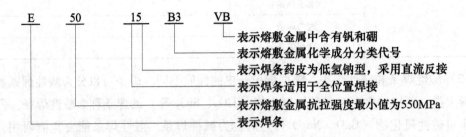

表 6-6　碳钢和低合金钢焊条型号的第三、第四位数字组合的含义

焊条型号	药皮类型	焊接位置	电流种类
E××00	特殊型		交流或直流正、反接
E××01	钛铁矿型		交流或直流正、反接
E××03	钛钙性		交流或直流正、反接
E××10	高纤维素钠型		直流反接
E××11	高纤维素钾型		交流或直流反接
E××12	高钛钠型	平、立、横、仰	交流或直流正接
E××13	高钛钾型		交流或直流正、反接
E××14	铁粉钛型		交流或直流正、反接
E××15	低氢钠型		直流反接
E××16	低氢钾型		交流或直流反接
E××18	铁粉低氢型		交流或直流反接
E××20	氧化铁型		交流或直流正接
E××22	氧化铁型		交流或直流正、反接
E××23	铁粉钛钙型		交流或直流正、反接
E××24	铁粉钛型	平焊、平角焊	交流或直流正、反接
E××27	铁粉氧化铁型		交流或直流正接
E××28	铁粉低氢型		交流或直流反接
E××48	铁粉低氢型	平、横、仰、立向	交流或直流反接

表 6-7 低合金钢焊条熔敷金属化学成分分类

化学成分分类	代 号
碳钼钢焊条	E××××-A1
铬钼钢焊条	E××××-B1~B5
镍钢焊条	E××××-C1~C3
镍钼钢焊条	E××××-NM
锰钼钢焊条	E××××-D1~D3
其他低合金钢焊条	E××××-G、M、M1、W

6.1.4.2 焊条牌号

按照《焊接材料产品样本》规定，焊条牌号由汉字（或汉语拼音字母）和三位数字组成。汉字表示按用途分的焊条各大类，前两位数字表示各大类中的若干小类，第三位数字表示药皮类型和电流种类。

看焊条牌号（如 J422，J507）末位，末位数字 0~5 的是酸性焊条，6~9 的是碱性焊条。

牌号末位数字表示具体含义：

0：不规定药皮类型，不规定适用电流类型；

1：氧化钛型药皮，交直流两用；

2：氧化钛钙型药皮，交直流两用；

3：钛钙型药皮，交直流两用；

4：氧化铁型药皮，交直流两用；

5：高纤维素型药皮，交直流两用；

6：低氢钾型药皮，交直流两用；

7：低氢钠型药皮，交直流两用；

8：石墨型药皮，交直流两用；

9：盐基型药皮，直流专用；

焊条牌号中表示各大类的汉字（或汉语拼音字母）含义见表 6-8 所示。

表 6-8 焊条牌号中各大类汉字

焊条类别		大类的汉字	焊条类别	大类的汉字
结构钢焊条	碳钢焊条	结（J）	低温钢焊条	温（W）
	低合金钢焊条		铸铁焊条	铸（Z）
钼和铬钼耐热钢焊条		热（R）	铜及铜合金焊条	铜（T）
不锈钢焊条	铬不锈钢焊条	铬（G）	铝及铝合金焊条	铝（L）
	铬镍不锈钢焊条	奥（A）	镍及镍合金焊条	镍（Ni）
堆焊焊条		堆（D）	特殊用途焊条	特殊（TS）

6.1.4.3 结构钢焊条牌号

在焊条牌号中字母"J"表示结构钢焊条。第一、第二位数字表示熔敷金属抗拉强度的最小值，单位为 MPa，共分 10 个等级：42、50、55、600、70、80、85、90、10（100）。第三位数字表示药皮类型和焊接电源种类。第三位数字后的符号，表示某种特殊用途，如：

"Fe"表示铁粉焊条；

"X"表示立向下焊专用焊条；

"G"表示管道焊接专用焊条；

"GM"表示盖面专用焊条；

"D"表示底层焊专用焊条；

"Z"表示重力焊条；

"GR"表示高韧度焊条；

"LMA"表示耐潮焊条；

"H"表示超低氢焊条；

"R"表示韧度焊条；

"D"表示低氟焊条；

"RH"表示高韧超低氢焊条；

6.1.4.4 不锈钢焊条牌号

不锈钢焊条牌号是指制造商对作为产品出厂的每种焊条标识的特定牌号，用来区别不同焊条熔敷金属的化学成分、力学性能、药皮类型和焊接电流种类。我国生产不锈钢焊条的厂家很多，他们使用统一牌号，其表示方法为：

（1）焊条牌号前边的 G 字表示铬不锈钢焊条；A 表示奥氏体不锈钢焊条。

（2）G 或 A 字后面第一位数字，表示焊缝金属的主要化学成分，其等级如表 6-9 所示。

表 6-9 不锈钢焊条牌号第一位数字含义

焊条编号	焊缝金属化学成分（质量分数）
G2××	$w(Cr)$约为 13%
G3××	$w(Cr)$约为 17%
A0××	$w(Cr) \leqslant 0.04\%$
A1××	$w(Cr)$约为 19%；$w(Ni)$约为 10%
A2××	$w(Cr)$约为 18%；$w(Ni)$约为 12%
A3××	$w(Cr)$约为 23%；$w(Ni)$约为 13%
A4××	$w(Cr)$约为 26%；$w(Ni)$约为 21%
A5××	$w(Cr)$约为 16%；$w(Ni)$约为 25%
A6××	$w(Cr)$约为 16%；$w(Ni)$约为 35%
A7××	铬锰氮不锈钢
A8××	$w(Cr)$约为 18%；$w(Ni)$约为 18%

（3）G 或 A 字后面的第二位数字，表示同一焊缝主要化学成分组成等级中的不同牌号，对同一药皮类型的焊条，可有 10 个牌号，按 0，1，…，9 顺序排列。

（4）G 或 A 字后面的第三位数字，表示药皮类型和焊接电源种类。不锈钢焊条牌号只应用 2 和 7 两个数字。"2" 表示钛钙型焊条，交流或直流反接电源焊接；"7" 表示低氢型焊条（又称碱性焊条），只限于直流反接电源焊接。

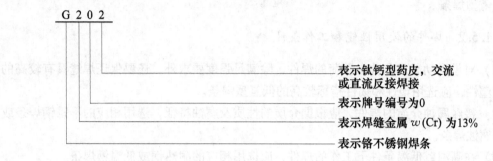

6.1.4.5 堆焊焊条牌号

汉字"堆（D）"表示堆焊焊条牌号。第一位数字表示焊条用途、组织或熔敷金属的主要成分，见表 6-10 所示；第二位数字表示同一用途、组织或熔敷金属的主要成分中的不同牌号顺序，按 0，1，…，9 顺序排列；第三位数字表示药皮类型和电流种类。

表 6-10　堆焊焊条牌号第一位数字含义

焊条牌号	用途、组织或熔敷金属的主要成分	焊条牌号	用途、组织或熔敷金属的主要成分
堆 0×× （D0××）	不规定	堆 5×× （D5××）	阀门用
堆 1×× （D1××）	普通常温用	堆 6×× （D6××）	合金铸铁用
堆 2×× （D2××）	普通常温用及常温高锰钢	堆 7×× （D7××）	碳化钨型
堆 3×× （D3××）	刀具及工具用	堆 8×× （D8××）	钴基合金
堆 4×× （D4××）	刀具及工具用	堆 9×× （D9××）	待发展

例如：堆 127（D127）表示普通常温用，编号为 2，药皮类型为低氢型，直流反接的堆焊焊条。

需要注意的是，对于不同特殊性能的焊条，可在焊条牌号后缀主要用途的汉字（或汉语拼音字母），如压力容器用焊条为 J506R；底层焊条为 J506D；低尘、低毒焊条为 J506DF；立向下焊条为 J506X。

6.1.5　焊条的选用原则

焊条的种类繁多，每种焊条均有一定的特性和用途。选用焊条是焊接准备工作中一个很重要的环节。在实际工作中，除了要认真了解各种焊条的成分、性能及用途外，还应根据被焊焊件的状况、施工条件及焊接工艺等综合考虑。选用焊条一般应考虑以下原则：

6.1.5.1　焊接材料的力学性能和化学成分

（1）对于普通结构钢，通常要求焊缝金属与母材等强度，应选用抗拉强度等于或稍高于母材的焊条。

（2）对于合金结构钢，通常要求焊缝金属的主要合金成分与母材金属相同或相近。

（3）在被焊结构刚性大、接头应力高、焊缝容易产生裂纹的情况下，可以考虑选用比母材强度低一级的焊条。

（4）当母材中 C 及 S 、P 等元素含量偏高时，焊缝容易产生裂纹，应选用抗裂性能好的低氢型焊条。

6.1.5.2　焊件的使用性能和工作条件

（1）对承受动载荷和冲击载荷的焊件，除满足强度要求外，还要保证焊缝具有较高的韧性和塑性，应选用塑性和韧性指标较高的低氢型焊条。

（2）接触腐蚀介质的焊件，应根据介质的性质及腐蚀特征，选用相应的不锈钢焊条或其他耐腐蚀焊条。

（3）在高温或低温条件下工作的焊件，应选用相应的耐热钢或低温钢焊条。

6.1.5.3　焊件的结构特点和受力状态

（1）对结构形状复杂、刚性大及厚度大的焊件，由于焊接过程中产生很大的应力，容易使焊缝产生裂纹，应选用抗裂性能好的低氢型焊条。

（2）对焊接部位难以清理干净的焊件，应选用氧化性强，对铁锈、氧化皮、油污不敏感的酸性焊条。

（3）对受条件限制不能翻转的焊件，有些焊缝处于非平焊位置，应选用全位置焊接的焊条。

6.1.5.4　施工条件及设备

（1）在没有直流电源，而焊接结构又要求必须使用低氢型焊条的场合，应选用交、直流两用低氢型焊条。

（2）在狭小或通风条件差的场所，应选用酸性焊条或低尘焊条。

6.1.5.5　改善操作工艺性能

在满足产品性能要求的条件下，尽量选用电弧稳定，飞溅少，焊缝成形均匀整齐，容易脱渣的工艺性能好的酸性焊条。焊条工艺性能要满足施焊操作需要。如在非水平位置施焊时，应选用适于各种位置焊接的焊条。如在向下立焊、管道焊接、底层焊接、盖面焊、重力焊时，可选用相应的专用焊条。

6.1.5.6　合理的经济效益

在满足使用性能和操作工艺性的条件下，尽量选用成本低、效率高的焊条。对于焊接工作量大的结构，应尽量采用高效率焊条，如铁粉焊条、高效率不锈钢焊条及重力焊条等，以提高焊接生产率，如表 6-11、表 6-12 所示。

表 6-11　常用钢号推荐选用的焊条

钢号	焊条型号	对应牌号	钢号	焊条型号	对应牌号
Q23i—A·F Q23-A、10、20	E4303	J422	12Cr1MoV	E5515—B2—V	R317
20R、20HP、20g	E4316	J426	12Cr2Mo 12Cr2Mo1 12Cr2Mo1R	E6015—B3	R407
	E4315	J427			
25	E4303	J422	1Cr5M0	E1—5M0V—15	R507
	E5003	J502			
Q295（09Mn2V、 09Mn2VD、 09Mn2VDR）	E5515—Cl	W707Ni	1Cr18Ni9Ti	E308—16	A102
				E308—15	A107
				E347—16	A132
Q345（16Mn、 16MnR、16MnRE）	R5003	J50Q		E347—15	A137
	E5016	J506	0Cr19Ni9	E308—16	A102
	E5015	J507		E308—15	A107
Q390（16MnD、 169MnDR）	E5016—G	J506RH	0Cr18Ni9Ti	E347—16	A132
	E5015-G	J507RH		E347—15	A137
Q390（15MnVR 15MnVRE）	E5016	J506	0Cr19Ni11Ti		
	E5015	J507	00Cr18Ni10	E308L—16	A002
	E5515—G	J557	00Cr19Ni11		
20MnMo	E5015	J507	0Cr17Ni12Mo2	E316—16	A202
	E15—6	J557		E316—15	A207
151MnVNR	E6016-D1	J606			
	E6015-D1	J607			

表 6-12　不同钢号相焊推荐选用的焊条

类　别	接头钢号	焊条型号	对应牌号
碳素钢、低合金钢 和低合金钢相焊	Q235-A+Q345（16Mn）	E4303	J422
	20、20R+16MnR、16MnRC	E4315	J427
	Q235—A+18MnM0NbR	E5015	J507
	16MnR+1MnM0V 16MnR+18MnM0NbR	E5015	J507
	15MnVR+20MnM0	E5015	J507
	20MnM0+18MnM0NbR	E5515—G	J557
碳素钢、碳锰低合金钢 和铬钼低合金钢相焊	Q235—A+15CrM0 Q235—A+1Cr5M0	E4315	J427
	16MnR+15CrhMo 20、20R、16MnR+12Cr1MoV	E5015	J507
	15MnMo+12CrMo、15CrMo 15MnMoV+Cr1M0V	E7015—D2	J707

类　　别	接头钢号	焊条型号	对应牌号
其他钢号与奥氏体高合金钢相焊	Q235—A、20R、16MnR、20MnMo+0Cr18Ni9Ti	E309—16	A302
		E309Mo—16	A312
	18MnMoNbR、15CrMo+0Cr18Ni9Ti	E310-16	A402
		E310-15	A407

6.1.6　焊条电弧焊安全与防护技术

6.1.6.1　安全与防护技术

焊条电弧焊操作时，必须注意安全与防护，安全与防护技术主要有防止触电、弧光辐射、火灾、爆炸和有毒气体与烟尘中毒等。

6.1.6.2　防止触电

焊条电弧焊时，电网电压和焊机输出电压以及手提照明灯的电压等都会有触电危险。因此，要采取防止触电措施或接零。焊接电缆和焊钳绝缘要良好，如有损坏，要及时修理。焊条电弧焊时，要穿绝缘鞋，戴电焊手套。在锅炉、压力容器、管道、狭小潮湿的地沟内焊接时，要有绝缘垫，并有人在外监护。使用手提照明灯时，电压不超过安全电压36V，高空作业时不超过 12V。高空作业时，在接近高压线 5m 或离低压线 2.5m 以内作业，必须停电，并在电闸上挂警告牌，设人监护。万一有人触电，要迅速切断电源，并及时抢救。

6.1.6.3　防止弧光辐射

焊接电弧强烈的弧光和紫外线对眼睛和皮肤有损害。焊条电弧焊时，必须使用带弧焊护目镜片的面罩，并穿工作服，戴电焊手套。多人焊接操作时，要注意避免相互影响，宜设置弧光防护屏或采取其他措施，避免弧光辐射的交叉影响。

隔绝火星。6 级以上大风时，没有采取有效的安全措施不能进行露天焊接作业和高空作业，焊接作业现场附近应有消防设施。电焊作业完毕应拉闸，并及时清理现场，彻底消除火种。

6.1.6.4　防止火灾

在焊接作业点火源 10m 以内、高空作业下方和焊接火星所及范围内，应彻底清除有机灰尘、木材、木屑、棉纱棉丝、草垫干草、石油、汽油、油漆等易燃物品。如有不能撤离的易燃物品，诸如木材、未拆除的隔热保温的可燃材料等，应采取可靠的安全措施，如用水喷湿，覆盖湿麻袋、石棉布等。

6.1.6.5　防止爆炸

在焊接作业点 10m 以内，不得有易爆物品，在油库、油品室、乙炔站、喷漆室等有爆炸性混合气体的室内，严禁焊接作业。没有特殊措施时，不得在内有压力的压力容器和管道上焊接。在进行装过易燃易爆物品的容器焊补前,要将盛装的物品放尽,并用水、水蒸气或氮气置换,清洗干净:用测爆仪等仪器检验分析气体介质的浓度;焊接作业时,要打开盖口,操作人员要躲离容器孔口。

6.1.6.6　防止有毒气体和烟尘中毒

焊条电弧焊时会产生可溶性氟、氟化氢、锰、氮氧化物等有毒气体和粉尘,会导致氟中毒、锰中毒、电焊尘肺等,尤其是碱性焊条在容器、管道内部焊接更甚。因此,要根据具体情况采取全面通风换气、局部通风、小型电焊排烟机组等通风排烟尘措施。

6.1.7　焊条的设计与制造

6.1.7.1　焊条制造工艺特点

焊条制造工艺就是按焊条配方的设计要求制备涂料和焊芯,并把涂料涂敷在焊芯上,使之达到规定的形状、尺寸,经烘干成为焊条的一种手段。

焊条品种型号复杂,规格尺寸多,质量要求严,在制造上具有生产周期短、连续作业性强、产量大的特点,所以要生产出一种优质焊条,除了有最佳的焊条配方设计、正确地选用原材料外,还必须有与之相应的制造工艺、装备和严格的检查测试手段。

6.1.7.2　焊条制造工序

焊条制造过程,须经多道工序,归纳起来主要有以下七大工序:
(1) 焊芯的加工(去锈、拉拔、核直切断);
(2) 焊条药皮原材料的制备(粉碎、筛粉);
(3) 水玻璃的调制(制备、调配);
(4) 焊条涂料的配制(配粉、拌粉);
(5) 焊条的压涂成形(送丝、涂粉、磨头、磨尾、印字);
(6) 焊条烘干及包装;
(7) 焊条成品的检验。
着重介绍一下:水玻璃的调制、焊条涂料的配制、焊条的压涂成形以及焊条的烘干。

6.1.7.3　水玻璃的调制

水玻璃在焊条生产中起着黏结和稳弧的作用,使用得当则稳弧好,黏结力强。水玻璃的成分和性能参数对焊条的生产工艺、焊条的外观质量和内在质量以及熔敷金属性能等有着重要影响。研究表明:水玻璃的性能参数和成分如果选择不当,不但会使该焊条的生产变得困难、焊条外观质量变差,而且还影响到焊条在焊接过程中的稳弧性、飞溅等工艺性能,具体表现为:浓度高易抽芯断火;浓度低则药皮不坚固、电弧不稳。

　A　焊条用水玻璃的制备

水玻璃俗称泡花碱,是一种可溶性硅酸盐,由一种内含不同比例的碱金属氧化物和二氧化硅的系统组成。焊条用水玻璃有钠水玻璃、钾水玻璃、钾钠混合水玻璃三种。其中钠水玻璃的黏结性比钾水玻璃大,价格便宜,常应用在铁合金较多的碱性焊条。钾水玻璃黏结性差，单独使用很少，但其加在焊条药皮中能减小熔池深度，减少焊条药皮在烘焙时的开裂现象，并具有良好的稳弧性能。

电焊条生产常用水玻璃为钾钠型水玻璃，即硅酸钾钠，为黄绿色或黄色黏稠涂体，无杂质产品无色透明，无臭无味。可用作荧光屏荧光体和精密铸造的胶黏剂，是生产无机涂料、还原染料以及硅化合物的原料。焊条专用水玻璃为高浓度、低模数钾钠型水玻璃。由碳酸钾、碳酸钠和硅砂在一定温度和条件下反应制得；也可由白炭黑、苛性钾和水反应后，再通蒸汽加热反应制得。

B　水玻璃的性质。

（1）模数（M）。模数是指水玻璃中 SiO_2 含量与碱金属 R_2O 含量之比，即：

$$M = \frac{w(SiO_2)}{w(R_2O)} \times K$$

式中　　　　　　　　K——系数，钠水玻璃为 $K = 1.0323$；钾水玻璃为 $K = 1.5666$；

$w(SiO_2)$，$w(R_2O)$——水玻璃中 SiO_2 和氧化物的质量分数。

模数决定着水玻璃的黏结性能。焊条用水玻璃的模数为 2.8~3.0，钾钠水玻璃的模数为 2.5~2.7(1:1) 或 2.8~3.0(3:1)。

（2）浓度。液体水玻璃的浓度是由液体中的水决定的，水玻璃浓度低，黏度降低。浓度常用"波美"比重计进行测定，并由浓度换算其密度，两者的关系为：

密度 = 145/(145 - 波美度)

焊条用液体水玻璃的浓度：在螺旋式焊条压涂酸性焊条时，用模数为 2.5~2.7 的钾钠（1:1）水玻璃，其浓度为 39°Bé 左右；在油压式焊条压涂机压涂碱性焊条时，用模数为 2.8~3.0 钠水玻璃，其波美浓度为 50°Bé 左右。当用模数为 2.8~3.0（3:1）的钾钠混合水玻璃时，其波美浓度研究表明：采用高模数，低浓度（46~48°Bé）作碱性焊条涂料的黏结剂，在解决焊条药皮开裂、起泡、偏心和提高焊条涂料性能方面有良好的效果。

（3）黏度。黏度随液体水玻璃的模数、浓度和温度的变化而变化，用黏度不同的水玻璃配制的涂料，其塑性不同，对涂料的压涂性能、焊条的烘干、焊条药皮外观质量、耐潮性和强度都有影响。黏度大的水玻璃，影响湿涂料的搅拌，黏度差，易造成两端裸露焊条。

（4）水玻璃的储存温度对质量的影响。当液体水玻璃内的水降低到一定程度时，它的外形似固体，此时即使冷到冰点，除性质较脆外并无其他影响。含水量较高的溶液，当温度降至冰点时，溶液内将会有乳白色晶体析出而浮于上层，致使溶液浓度上下不均，固、液分离，胶体破坏，黏度下降，在焊条压涂生产中难以使用。

液体水玻璃的冰点与水玻璃的种类、成分、模数和固体含量有关，固体总量越高，冰点越低。各类水玻璃的冰点，一般均在 0℃ 以下，为安全起见，液体水玻璃的存放一般应保持 5℃ 以上。在实际生产中，为确保焊条压涂的正常运行，液体水玻璃的使用温度，应与压涂车间室温相接近，一般在 20℃ 以上。储存时还应分类存放。

C　水玻璃的调配

调配好水玻璃的浓度及严格控制其加入量，并有效地防止水玻璃变质和水解等，是保证涂料具有良好的压涂性能的重要环节。

(1) 将外购或自制的不同模数和种类的液体水玻璃制品，按照焊条的不同类型和制造工艺的特点，在水玻璃调配池中调配成所需要的浓度，并按液体水玻璃质量加入 0.25%～0.5%的高锰酸钾，最好采用热水或煮沸使其充分溶解成溶液后，再加入水玻璃中。

(2) 配制水玻璃时，需用清洁的自来水，并禁止有油污、污物等混入，影响水玻璃质量。

(3) 焊条用水玻璃液体的种类、模数、浓度和高锰酸钾的加入量，对于不同类型的焊条和生产工艺是不同的。

在通常的条件下，螺旋压涂机压涂酸性焊条时（如 E4303），常用模数为 2.5～2.7 的钾钠混合水玻璃，钾钠比为 3∶1 或 1∶1；其使用浓度为 38～41°Bé（小规格焊条偏下限）。在我国北方地区一般不加高锰酸钾，在我国南方或潮湿雨季可加入占液体水玻璃质量 0.2%～0.3%的高锰酸钾。油压涂粉机生产低氢型碱性焊条时，对 E××15（如 E5015）型焊条，一般使用钠水玻璃；对 E××16（如 E5016）型焊条，一般使用钾钠混合水玻璃。其模数为 2.8～3.0，浓度为 47～50°Bé。在一般情况下，均需加入 0.3%～0.5%（占液体水玻璃质量的）的高锰酸钾。

通常情况下，配制水玻璃浓度，夏天手工 36～38℃，冬天手工 38～42℃。

6.1.7.4 焊条涂料的配制

A 配粉

按照焊条配方单的要求和规定的配比重量，称取各种粉料的工艺过程，称为配粉或配料。配粉是焊条制造中的重要工艺过程之一。其配粉称量的误差直接影响焊条的质量。因此，配好的粉必须进行重量的检验，检验合格后才能使用。称量的误差要求一般为：碱性药皮焊条小于 0.5%，酸性药皮焊条小于 1%。

配粉的工序是：校准磅称→原材料检验→输送料→拆包→过筛→配料储存输送→称重配粉→检验→落料入搅拌机。

配粉工序的关键是称重精度、粉尘浓度、各种粉料的质量、原材料储存输送、生产批量和品种变换情况。国内外焊条厂的配粉，特别是配粉生产线都是依照上述原则，采取不同措施来加以实现的。

过筛是配粉的一个关键，粉料经过过筛可以将有碍配粉装置、搅拌机和焊条压涂的杂物筛出。因此，粉料应经过筛后送入配料仓。也可在配料完成后，落入搅拌机之前，过筛一次。过筛常用机械振动筛来完成。

配粉工序的方法主要有四种：

(1) 手工配粉。用手工操作，磅秤称量，这多为小批量生产时所采用。其劳动强度大、粉尘浓度高、效率低，配粉精度全凭操作者的责任心和操作认真细致与否来决定。

(2) 螺旋输送器配粉。用车辆或带式输送机械送料，人工拆包，振动筛过筛，光电管控制的螺旋输送器给料，台秤称量，底开式容器集料，台秤复核的半机械化配粉生产线配粉。

(3) 采用电磁振动器给料，电子秤称重的可将程控与机械操作相结合的配粉生产线配粉。其称量误差小，粉尘浓度低、劳动条件好，机械化、自动化程度高，但技术复杂，制造维修较难，国内仅少数生产批量大的焊条厂使用。

（4）采用管道气动输送料给配料仓，气动输送器给料，电子秤称重，实行半自动配粉。

B　拌粉

拌粉是指把已配好的粉料进行均匀混合的过程。拌粉又可分干拌粉和湿拌粉两种。所谓干拌粉即在加入黏结剂（水玻璃）前，将配好的粉料先进行混合均匀，此工序应在干粉混合机内进行。目前，多数焊条厂为简化工序多在涂料拌粉机进行，即先干混均匀后，再加入水玻璃进行湿拌。拌粉的顺序是：加料→干拌粉→加胶黏剂→湿拌粉→卸料。

拌粉是由搅拌机来完成的。搅拌机种类繁多，常用的有锥筒式搅拌机、斜滚筒式混合机（用作干搅拌）、单轴滚动式搅拌机、混砂机式辗轮式湿混机、"S"轴搅拌机和行星式搅拌机等。目前各焊条厂多选用双"S"轴搅拌机和行星式搅拌机拌粉。既可干湿分机进行搅拌，也可干湿同机搅拌。

（1）双"S"轴搅拌机，由机座、粉缸、"S"型搅拌轴和卸料装置（液压式或丝杠式）等主要部分组成。粉缸容积有 100L、200L、250L、300L 和 500L 等多种。拌粉时是靠一对沿轴线互相反向旋转运动的"S"形叶片（轴）使粉料在粉缸中产生复杂的流动、挤压和搓研等而达到混料均匀的目的，具有搅拌均匀、生产效率高、能实现自动卸料等特点。

（2）行星式搅拌机，由机座、粉缸、行星式搅拌器和传动系统等主要部分组成。它利用搅拌器将粉缸（有粉缸转动和不转动两种）中的粉料产生混粉而达到粉料搅拌均匀的效果。不同规格的搅拌机有不同的粉缸装料容积。

C　拌粉的质量要求及影响因素

拌粉的质量要求是使涂料的组成成分均匀一致，干湿均匀一致并适于压涂焊条的需要，压涂时焊条的表皮均匀光滑、偏心稳定、药皮没有杂质、发酵变质等现象。

（1）涂料的均匀性。焊条涂料是按所设计配方、由多种原材料组成的。必须搅拌均匀，才能达到焊条设计的技术要求，获得稳定的产品质量。

影响涂料均匀性的因素主要有：搅拌时间的长短、液体水玻璃的加入方式、拌粉设备的性能及操作工艺等。在其他条件基本相同时，搅拌时间及操作工艺则是主要因素。随搅拌时间的增加，涂料逐步趋于均匀一致。一般干拌约为 20~25min。拌粉时不能只用正转，必须正、反转并用，还不能过早地加入水玻璃，对粘在叶片上的涂料应及时清除（对双"S"搅拌机）掉，否则将会影响涂料的均匀性或造成干湿度不一致。

（2）涂料的干湿度。涂料的干湿度应当满足焊条压涂机（螺旋机或油压机）对压涂性能的要求，以保证压涂机能正常工作并生成良好的焊条外观质量。

影响涂料干湿程度的主要因素：首先是液体水玻璃加入量及其浓度，其次是气候条件及各药粉的干湿程度。操作时应严格遵守操作工艺规程。目前，大多数焊条厂还缺乏完善的检验方法，主要是依靠操作者的经验和细心来掌握。

（3）涂料中的杂质。涂料中杂质和硬粒的存在，不仅会严重影响焊条的偏心，有时甚至会使模孔堵塞，使焊条不能正常地压涂，造成停机清除和调整，直接影响焊条制造质量和生产效率。产生的主要原因除在配粉、回用粉没有认真过筛外，有时还与拌粉机没有定期清理有关，因而致使已变硬的涂料混入新涂料中。已拌好的涂料，应用湿布盖好，防止结皮结块，影响焊条正常的压涂。在正常条件下拌好的涂料最好及时用完，不宜久存，尤其是碱性焊条涂料，放置时间过长，易发酵变质。已变质硬化的涂料，不能用于生产。

总之，为了使焊条涂粉机顺利生产，涂料应具有良好的塑性、黏性、弹性、滑性和适宜的干湿度。

6.1.7.5　焊条的压涂成形

焊条药皮压涂成形是把已制备好的焊条涂料敷在已加工的焊芯上，使之成为焊条的工艺过程。它是焊条生产中的关键工序，对焊条的产量、质量、原料消耗等均起着关键性的作用。

焊条药皮成形的方法很多，如手工搓制，浸涂和利用机械高速挤压涂制（压涂法）等。目前焊条的正规生产一般均为压涂法。压涂法不仅生产效率高、速度快，而且具有药皮厚度均匀、光滑、密实、质量稳定的优点，还可使焊条的压涂、传送、磨头、磨尾、印字、着色、烘干和包装等过程实现完全机械化或自动化，是目前焊条生产中最主要的生产方法。

焊条的压涂是在焊条涂粉机上完成的。常用的焊条涂粉机有螺旋式涂粉机和油压式涂粉机两类。由涂粉机、送丝机、磨头磨尾机、印字机等组成联动机械而成为螺旋式（或油压式）焊条压涂生产线，如图 6-3 所示。

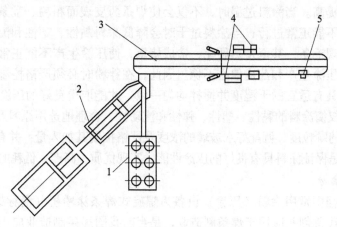

图 6-3　焊条压涂生产线
1—送丝机；2—涂粉机；3—传送带；4—磨头磨尾机；5—印字机

A　涂粉机对涂料性能的要求

在焊条压涂生产中，不同的涂粉机对涂料性能的要求也有所不同。相对而言，油压式涂粉机对涂料黏性要求较大，适用范围较广，能压涂各种药皮类型的焊条。而螺旋涂粉机则有其局限性，对涂料则有着较为严格的要求，一般说来涂料应有良好的塑性、滑性、弹性和适宜的黏性才能满足螺旋涂粉机的要求，才能发挥螺旋涂粉机连续、高效生产的优越性。由于其苛刻的要求，所以螺旋涂粉机主要用于钛型、钛钙型和钛铁矿型焊条的生产。

焊条涂粉机对涂料性能的要求主要有以下几个方面。

（1）涂料应具有良好的塑性和适宜的黏性。涂料良好的塑性及适宜的黏性是保证焊条药皮成形和具有一定药皮强度的基础，是压涂焊条所要求的主要性能之一。可以设想如果涂料没有良好塑性和黏性，如同砂一般是无法压涂成形的。但过大的塑性和黏性，会使涂料的流动性过大，药皮外观质量降低，若采用螺旋式涂粉机生产时，过大的黏性会使涂料黏附在螺旋轴叶片上，涂料发热硬化，使压涂工作难以顺利地进行。

涂料的塑性和适宜的黏性，主要是依据压涂设备的不同（如螺旋涂粉机或油压涂粉机等），在配方设计时合理选用适宜的塑性材料（如白泥，钛白粉等）及其配比，合理搭配所用原料的颗粒度，选用适宜的黏结剂——液体水玻璃的种类、模数和浓度等，并控制其加入量来实现的。

（2）涂料应具有一定的弹性和流动性。对螺旋涂粉机来讲，涂料必须具有良好的弹性，而油压涂粉机对弹性的要求则不严格，但涂料必须具有良好的流动性，使涂料在粉缸、机头和成形模口易于流动而不阻滞淤塞，可减少涂料的摩擦、发热及硬化结块、利于压涂。实践证明：弹性和流动性较差的涂料极易淤塞、发热、结块硬化，使焊条难以压涂成形。

涂料良好的弹性和流动性，主要是靠在配方设计时加入适量的具有弹性的材料（如云母、木粉、纤维等物质）及其药粉颗粒度的合理组配，并在涂料压涂时加入适量的水玻璃及其选用适宜的水玻璃种类、模数和浓度来获得的。

（3）涂料应具有适宜的干湿度。实践证明：搅拌后涂料的干湿度及均匀性是影响焊条压涂性能的重要因素。有时它还能直接影响焊条药皮的外观质量、焊条药皮偏心度的稳定性和生产效率的提高。当涂料过湿时，不仅会使焊条药皮表面粗糙、乱条、易于损伤，甚至还会造成压涂不能正常进行；当涂料过干时会降低涂料黏性、塑性和流动性，使涂料供粉不足，从而出现毛条，甚至发热硬化，造成堵塞，使压涂生产不能正常进行；涂料干湿不均，会使焊条压涂生产和药皮偏心不稳。因此，在拌粉时必须严格控制水玻璃的浓度和加入量，使涂料具有适宜的干湿度并搅拌均匀一致，才能取得良好的压涂效果。

总之，全面权衡涂料的黏性、塑性、弹性和流动性，合理地选用原料及其配比，适宜地搭配好各种粉料的颗粒度，调配好水玻璃的浓度及严格控制其加入量，并有效地防止水玻璃变质和水解等，是保证涂料具有良好的压涂性能，实现优质、高产、低耗的重要环节。

　　B　焊条的涂粉

焊条生产过程中常用涂粉（压涂）设备为螺旋式焊条涂粉机（简称螺旋机），由我国在 20 世纪 50 年代首创并应用于焊条制造业，是当前我国焊条制造业应用最为广泛的压涂设备，具有结构简单、制造容易、维修方便、不需停车加料、可连续生产、便于实现机械化、自动化、生产效率高和焊条药皮外观质量好等优点。

由螺旋式涂粉机压涂结构的特点所决定，螺旋式涂粉机压涂焊条时，对焊条涂料有着较为严格的要求，涂料的适应性也受到一定的局限，主要适用于钛型、钛钙型和钛铁矿型等类型焊条的压涂生产。

我国目前使用的螺旋式涂粉机，其机头一般多为 45°，即送丝与涂料送进成 45°角。

（1）螺旋式焊条涂粉机的结构。螺旋式焊条涂粉机主要是由机身（粉缸）、螺旋轴（又称绞刀）、机头（又称弯头）、机座、传动装置及冷却装置等组成。

1）机身：机身又称粉缸。涂料是借助机身内壁（开有沟槽）的摩擦力，并沿着螺旋轴的斜面从粉斗口送向机头，故机身是提供涂料和进行逐渐压紧的重要部件之一，如图6-4 所示。

机身主要由内衬套和外壳两部分组成（小型设备不带衬套），并有冷却装置。内衬套一般由耐磨铸铁铸造经加工而成。内有数条（一般3~4条）沟槽，以增加其摩擦力。有的为了增加涂料的压强，将内孔加工成带有一定的锥度或枣核形。

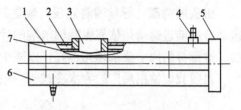

图 6-4　机身
1—机身上半部；2—冷却架层；
3—送粉口；4—水管接头；5—法兰盘；
6—机身下半部；7—内衬套

机身必须有良好的冷却条件（通常用循环水冷却）。否则，会因摩擦（涂料与内衬套、绞刀及涂料间）产生的大量热量，使涂料发热、硬化、结块等，这不仅会使焊条的压涂生产不能正常进行，而且还可能造成设备事故。

2）螺旋轴。螺旋轴又称绞刀，是挤压涂料的重要工作部件。当螺旋轴旋转时，用螺旋斜面将涂料由送料口推向机头，使涂料压紧，增大压强。螺旋轴的直径、类别、叶片的形状、角度及其转数等决定着焊条压涂的生产能力、涂料的紧密性、药皮光滑程度和动能的消耗。

螺旋轴的种类按螺旋头数的不同，可分为单头、双头；按螺距可分为等螺距、不等螺距两种。多头比单头具有较大的生产能力和涂料的紧密性；导角小的螺旋轴比导角大的螺旋轴的生产能力大；螺旋轴叶片表面越光滑，生产能力越大，动能损耗越少。在实际生产中，一般多用单头、等螺距、表面光滑的螺旋轴来压涂焊条。但为了缩短涂料进入机头时所走的路程、并使涂料有足够的推力，增大涂料的紧密性，常将螺旋轴的末端，做成较大的锥度，并改为局部的双头螺旋。

螺旋轴末端的锥度可使螺旋轴更加深入机头至导丝嘴附近，增加螺旋轴对涂料的作用，减少涂料在机头中通过没有螺旋轴部分所走的距离。螺旋轴末端的双头螺旋叶片，使涂料可受两个叶片的推力作用，迫使涂料通向成形模具口并使涂料压紧。

螺旋轴的螺杆一般可用中碳钢或低合金钢制成。螺旋叶片常用低碳钢盘条盘绕后，经焊接和堆焊耐磨合金（表面层），再经磨削加工而成，如图6-5所示。

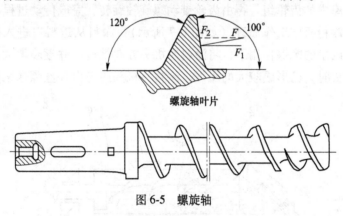

螺旋轴叶片

图 6-5　螺旋轴

3）机头。机头又称弯头，是涂料包覆焊芯的工作装置。其作用是依靠逐渐收缩的内壁所形成的反作用力，加之螺旋轴的推力，将涂料挤压得更紧密，并输送涂料到成形模具中，压涂成为焊条。

　　机头的前部（导丝嘴前）没有输送装置（螺旋轴的长度应尽量靠近导丝嘴），涂料在这部分的前进运动是依靠螺旋轴末端的叶片作用到涂料上的力，经涂料间的传递向前进行的。这部分的内壁要求越光越好，以减少涂料与内壁的摩擦。

　　目前我国使用最广的为水冷式 45°机头，如图 6-6 所示。

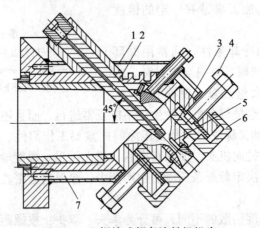

图 6-6　45°螺旋式焊条涂粉机机头
1—机头本体；2—导丝嘴；3—模壳；4—调整螺钉；5—成形模；6—压紧螺母；7—冷却水夹层

　　机头同机身一样要求具有良好的冷却条件，备有冷却装置，通常采用循环水进行冷却，以减少涂料的发热，防止涂料硬化。机头一般采用低碳钢经焊接而成。

　　应指出，由于焊条药皮涂料的不同，其所具备的塑性、黏性、弹性和流动性也会有较大的差异，焊条挤压成形的难易程度也会不同，因此，必须选用与之相适应的螺旋轴、机身和机头，才能取得良好的压涂效果。

　　4）机座和传动装置。机座是螺旋式焊条涂粉机的主体。一般可采用焊接或铸造结构。

　　传动装置由电动机、带轮、变速箱、齿轮等组成。由电动机驱动变速箱的主动轴，经变速后传递给机座中的齿轮组，再由齿轮带动螺旋轴旋转，完成传动过程。

　　螺旋式焊条涂粉机的工作原理（如图 6-7 所示）：涂料从送料口进入机身内，在旋转的螺旋轴和机身内壁的摩擦作用下，将涂料向机头方向推进，并逐步增大涂料的密度，当涂料被推送到机头时，已形成较大的压强。涂料在机头内与由导丝嘴送来的焊芯汇合，在

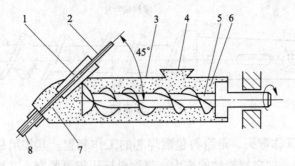

图 6-7　螺旋式焊条涂粉机工作原理
1—导丝嘴；2—焊芯；3—机身；4—送料口；5—螺旋轴；6—涂料；7—机头；8—焊条

涂粉模（成形模）处涂料均匀地包覆在焊芯周围，被挤压成达到一定尺寸（药皮厚度）和强度要求的湿焊条。由于涂料和焊芯的连续不断地供给，焊条的压涂成形也在连续不断地进行着。

机头上的调整螺钉（3 或 4 个）是为了调整成形模与焊芯的相对位置，以保证药皮与焊芯的同心度，满足焊条药皮偏心度的技术要求。

在送丝机连续不断地将焊芯送进的条件下，螺旋式焊条涂粉机能否连续不断地压涂焊条，则取决于螺旋涂粉机能否形成较大的压强和能否连续不断地向机头提供涂料，并使涂料的输入量与输出量相平衡这两个条件。

涂料产生一定压强和推向前进的条件：要达到使涂料产生一定压强和推向前进的目的，必须使涂料形成"类螺母形态"（螺旋轴相当于螺栓），同时还必须有一个力来阻止涂料与螺旋轴共同旋转。

阻止涂料与螺旋轴共同旋转的力：这个力是靠涂料与机身衬套内壁（一般开有沟槽）、涂料与涂料间产生摩擦力来实现的。当螺旋轴旋转时，涂料与机身衬套内壁、涂料与涂料之间产生相对运动，必然会有相对摩擦和摩擦力存在。为了增大这种摩擦阻力，更有利于克服涂料与螺旋轴共同旋转，除了应将螺旋轴加工光滑外，还应在机身衬套内壁开有沟槽（一般为 3~4 条），并使螺旋轴与机身衬套内壁间设置特定的间隙，使涂料在此间隙中形成涂料层，以扩大摩擦面，增大摩擦阻力。应指出，这个摩擦阻力，不单是涂料与机身衬套内壁间产生的摩擦力，更主要的是由嵌入机身衬套内壁沟槽的涂料、涂料层中的涂料和螺旋轴中的涂料相互磨擦而产生的摩擦力。在上述措施条件下，可以形成较大的摩擦力，以阻止涂料与螺旋轴的共同旋转，达到输送涂料和压紧涂料的目的。

另外，如上文在机头、螺旋轴中所述，螺旋叶片的倾斜角度和机头衬套制成的一定锥度等，也都是实现涂料输送、产生压强和增大涂料密度所必要的措施。

（2）涂料层的形成。螺旋轴与机身衬套内壁间的涂料称为涂料层，涂料层是形成"类螺母形态"的主导因素和必要条件，是扩大摩擦面，增大摩擦力的主要措施之一。因此，也是涂料向前推进和压紧的必要条件。

当螺旋轴旋转时，涂料被螺旋轴逐个螺距推送至螺旋轴末端。其涂料密度也随之不断地增大。另一方面，由涂料的性质所决定，其密度大的涂料必然向密度小的地方流动。因此，当螺旋轴旋转时，涂料除向前移动外，由于受密度大的涂料的阻力，必然会有一部分涂料，通过螺旋轴与机身内壁的间隙，逐个螺距地向后、向密度小的方向移动。另外，由于螺旋轴叶片具有一定的倾斜度，当螺旋轴旋转时，对涂料产生两个作用分力 F_1 和 F_2，如图 6-5 所示。F_1 为轴向分力，推动涂料前进；F_2 是径向分力，将涂料推向机身内壁。涂料在受 F_1、F_2 的作用的同时，也必然会受到前进方向的涂料和机身内壁的反作用力。在反作用力的作用下，必然也会使涂料向后、向密度较小的地方流动，增大涂料的密度，并将涂料压紧，这样，向后流动的涂料与前进方向的涂料汇合在一起而形成涂料层。

实践证明，当涂料层的密度越大时，涂料向后返回量就越小，更有利于"类螺母形态"涂料的形成。

涂料层的厚度，取决于螺旋轴与机身内壁间的间隙，其间隙的大小，由于各厂家的焊条药皮的配方不同、生产习惯不同，基本上有两种情况：一种是小间隙（约 10mm），使其形成薄涂料层，另一种是大间隙（10~20mm），形成厚的涂料层。

　　形成薄涂料层的螺旋涂粉机，由于螺旋轴与机身内壁的间隙小，有利于阻止涂料向后移动，但是必须提高涂料的黏性、弹性和流动性，增加螺旋轴的转速等，才能获得良好的压涂效果。

　　形成厚涂料层是螺旋涂粉机，由于其间隙大，形成厚的涂料层，必须增大涂料层紧密度（即硬涂料层），来阻止涂料向后流动，才可能取得良好的压涂效果。此时要求机头料仓的涂料，应具有足够的弹性和尽可能大的流动性；涂料层的涂料则应强度大、弹性强、而流动性要小；而螺旋轴内的涂料则应流动性大，黏性小。若具备上述条件时，就可采用厚的涂料层，并可取得良好的压涂效果，达到较高的焊条药皮表面质量要求。因此，在配方设计时，应适当降低涂料中的塑性材料（如白泥、钛白粉等），配入适量的弹性、纤维性材料，适当增大药粉的颗粒度，减少微粉。同时，适当降低螺旋轴的转速（一般为 40 ~ 50r/min），以满足上述要求。

　　涂料的输入量与输出量相平衡：要使螺旋式焊条涂粉机连续不断地压涂焊条，从成形模孔中输出的涂料量必须与从送料口输入的涂料量相平衡。

　　由此可见，在实际生产中，应根据螺旋式焊条涂粉机的结构特点、设备的实际性能和压涂焊条的种类、规格和药皮厚度等，来调节送丝速度和螺旋轴的转数，使之相适应，并相对稳定拌粉的质量，就能保证螺旋式焊条涂粉机连续不断地压涂焊条，从而获得良好的压涂效果和较高的焊条表皮质量。

　　C　焊条压涂的常见缺陷及影响因素

　　压涂形成的焊条，其药皮应均匀、光滑而致密地涂敷在焊芯的周围。焊条的偏心度、引弧端、夹持端等应符合标准的规定。

　　实践证明，在焊条压涂生产的实际条件下，不少因素都会影响这些质量要求，造成质量缺陷。常见的质量缺陷及其影响因素概述如下：

　　（1）焊条偏心。焊条偏心是指焊条的药皮不与焊芯同心，一般用偏心度来表示。焊条的偏心度将会直接影响焊条的焊接工艺性能，严重时会影响焊接质量，甚至不能施焊。因此，控制焊条的偏心度是保证焊条质量的重要条件。导致焊条偏心的因素很多，可以说人、机（设备）、料（材料）、方法、环境，均有较大的影响，有时错综复杂。在我国目前现有的生产条件下，人们还在不断地探索、积累和总结中。焊条偏心的产生原因，一般来说有下列因素：

　　1）导丝嘴：当导丝嘴的孔径较大（因制造或磨损造成）或与成形模的距离较远，或刚度不足时，在焊条压涂条件下，都会导致焊芯偏移，产生位置的变化，即影响焊条的偏心度。实践表明，导丝嘴的孔径一般应为焊芯直径的 1.02 ~ 1.05 倍；导丝嘴端头至成形模间的距离，对螺旋涂粉机一般为 10 ~ 15mm；油压涂粉机约为焊芯直径的 0.5 ~ 1 倍。为增大导丝嘴的刚度，通常在机头内增设定位装置（如固定环、螺栓等）。

　　2）涂粉的均匀性及杂质：涂料干湿度的均匀性及杂质，将会直接影响涂料的流动性及压强的稳定性，因而，对焊条偏心有着重要的影响。当杂质（如硬粒、干粉块等）进入机头涂粉模时，由于挤压使焊芯偏移，而产生偏心。严重时还可能发生堵塞而造成停机。因此，应该提高拌料的相对稳定性和均匀性，避免杂质的混入。

　　3）焊芯的质量：焊芯的弯曲度、椭圆度都会直接影响焊条的偏心度。因此，不仅应严格控制焊芯的质量，还应调整好送丝机构，以免焊芯在送丝过程中造成弯丝而影响偏心。

4）水玻璃的影响：如果使用的水玻璃模数、浓度过高，会使涂料的黏性过大，易于干固。尤其是采用螺旋式涂粉机压涂焊条时，涂料极易发热硬化，引起焊条偏心。严重时还能造成因涂料堵塞而停机。因此，必须严格按技术要求选用适宜的水玻璃，在使用时按工艺规程的要求，调配适宜的浓度。

5）成形模：当成形模孔中心与其端面不垂直时，成形模在机头中歪斜，会造成焊条的定向偏心。此时，应及时调换成形模。

6）模座：模座（模碗）应具有适宜的形状和尺寸，需经热处理，使其具有一定的硬度，这不单是为增大其耐磨性，也是为了在调整偏心时，不易松动，利于焊条偏心的稳定。

7）操作因素：涂料压强的波动，必然会导致焊条偏心。因此，操作者用螺旋式涂粉机涂焊条时，应保证送粉的均匀性，使涂料的输入量与输出量相平衡。用油压式焊条涂粉机压涂焊条时，应保证工作压强的稳定。另外，校正偏心的螺栓时应对称调整，并紧固均匀和牢固。

此外，气候的变化，尤其在冬季当室温、各种粉料、水玻璃温度偏低时，涂料塑性、黏性都会有很大差异，会导致压涂困难、偏心不稳等。

（2）磨头质量不符合要求。磨头（引弧端）常见的质量问题有焊条的包头、破头、未倒角等。

1）焊条的包头：是指焊条引弧端药皮包住焊芯而未露出（检查时若药皮包住焊芯截面1/2以上者判为焊条包头）。焊条包头阻碍焊条引弧，只有破除药皮后，电弧才能引燃。产生焊条药皮包头的原因是由于送丝机与涂粉机机头的距离不当、涂料太湿、磨头机调整理不当等。此时，应调整送丝机与机头的距离，使送丝机前加速轮的切点至机头成形模出口端的距离，略小于（2~5mm）焊芯长度的整数倍（一般为3或4倍），即焊芯露出成形模端面2~5mm；适当调整涂料的干湿度；正确调整磨头机构，使其距离适当，磨头倒角正常。

2）焊条的破头：是指焊条引弧端的焊芯（整周或局部）露出药皮以外，而且大于一定尺寸时称为焊条破头。焊条破头会导致引弧时保护不良，甚至造成气孔。焊条破头的原因是：对齐带或磨头机调整不当；用于磨头的钢丝或钢轮不圆等。一般来说，用柔韧性的砂布带进行磨头，可取得较好的效果。

3）焊条未倒角：是指焊条引弧端的药皮没有倒角的痕迹。此时应调整磨头机构，使其对药皮倒角。

（3）磨尾质量不符合要求。焊条夹持端（磨尾）的主要质量问题有：磨尾长度不符合标准规定或磨尾不净等。主要原因是：磨尾机的位置调整不当、钢丝轮直径太小，以及钢丝轮表面不圆整等。此时，应选用合适的钢丝轮并修磨圆整和调整磨尾机，使磨尾质量符合相关技术要求。

（4）药皮裂纹。焊条药皮的裂纹有纵裂（沿轴向）、横裂和龟裂。多出现在焊条烘干过程中，压涂或晾干时也有出现药皮裂纹现象。焊条压涂过程中，产生裂纹的主要原因，一般是：由于刚压涂出来的焊条药皮温度较高，而环境温度（室温）较低，骤然冷却产生裂纹。当涂料过干，在压涂过程中药皮温升过高时，极易产生龟裂纹。当水玻璃模数过高，浓度、黏度过大时，在干燥过程中由于表皮干燥过快，阻碍内部水分的扩散而极易产生纵向裂纹；模数过低时易产生横向裂纹。

应指出：水玻璃本身的性能和质量对形成焊条药皮裂纹有极大的影响。

（5）竹节。焊条药皮表面呈环形突起，形似"竹节"，称为焊条竹节。产生的原因是：送丝速度不均，突然瞬时变慢；送丝时有滑动现象；送丝机的送丝锥轮与加速轮调整不当、焊芯有脱节现象；送丝机与机头的距离不当等。

解决办法是：调整送丝机与涂粉机的距离，调节送丝机两送丝锥轮的距离（即焊芯的夹紧高度）和加速轮的弹簧压力，使其能匀速送进等。

（6）毛条。药皮疏松，呈倒刺状，为毛条。产生的主要原因是：药粉压强小、不密实；送丝速度太快，而涂料输入量不足，两者配合不当；成形模内孔表面的粗糙度太大；杂质造成涂料的通道被堵塞；螺旋式涂粉机压涂焊条时，冷却条件不良，涂料硬化；螺旋轴过短、螺旋轴加工质量不符要求或磨损；螺旋轴与粉缸配合不当；涂料与螺旋机不相适应；送粉不均等。出现毛条时，应找出具体原因，予以解决。

（7）焊条表面皱皮。皱皮主要是由于涂料的压强过大，涂料的输入量大于需要量所引起的。另外，压涂焊条时的涂料过湿、流动性过大或加粉过多，也会引起焊条表面皱皮。解决办法是控制涂料压强、干湿度和输入量等。

（8）焊条药皮的损伤。焊条从压出到传送或烘干过程中，药皮产生的擦伤、压痕、划痕和破损等缺陷，统称为焊条药皮损伤。造成损伤的原因主要是：涂料较湿，药皮强度低，在焊条传送过程中受到擦、碰、挤压等。解决的主要办法是：尽量使涂粉机能适用较干的涂料，以提高药皮的强度，提高其抗损伤能力；另外，改善焊条在传送过程中的平衡性（如减少乱条、跑斜等）和接触情况（如传送带应粘贴海绵、无破损等），尽量减少擦、碰、挤、压，并及时去除焊条传送带和槽带上的硬粉等。

（9）焊条药皮起泡。由气体造成焊条药皮表面局部凸起（多为颗粒状）称为起泡，是低氢型焊条生产中常见的缺陷。主要产生原因是焊条药皮中的铁合金（如硅铁、稀土硅、锰铁等）与水玻璃发生化学反应，产生气体。有时涂料中的空气（如压团不密实；粉团或送料头与粉缸间隙太小，空气无法从粉缸中排出等）也会造成起泡。

解决的主要措施是减少铁合金与水玻璃发生化学反应的条件，具体方法是：

1）将易发生反应的铁合金进行钝化处理，并确保钝化质量；

2）减少铁合金中的微粉含量；

3）在可能的条件下尽量使涂料干些；

4）及时压涂，减少涂料的存放时间；

5）提高水玻璃的模数，降低浓度（近来有的厂选用 $M=3.2\sim3.4$，浓度$=41\sim44°$Bé 的高模数、低浓度水玻璃，已取得良好的压涂效果并有良好的药皮抗裂纹性能）；

6）改善焊条的干燥条件（如改善通风和排潮等）。

（10）弯曲度。焊条弯曲最大挠度一般不应大于1mm。造成焊条弯曲的原因，除焊芯本身不直外，主要是送丝机的锥轮、加速轮、导丝管和机头中的导丝嘴调整不当，使焊芯不能在同一直线上输送，而造成焊条弯曲。这可以通过调整送丝机机构予以解决。

（11）焊条送丝、磨头、磨尾、印字。

送丝机、磨头磨尾机和焊条传送带等与螺旋式（或油压式）焊条涂粉机组成螺旋式（或油压式）焊条联合压涂机组，或称螺旋式（或油压式）焊条压涂生产线。因此，常把送丝机、磨头磨尾机、焊条传送带称为焊条涂粉机的辅助设备。它们在压涂焊条过程中，分别承担着不同的工作，完成着不同的任务，下面分别介绍。

1）送丝。送丝机是组成焊条压涂生产线的主要设备之一。压涂焊条时，均匀地把焊芯输送到焊条涂粉机机头，就是靠送丝机来完成的，送丝机由机座、盛丝斗、摆动轴、送丝锥轮、加速轮和传动系统组成。

送丝机的工作过程如图 6-8 所示。将焊芯 1 投入送丝机的盛料斗 7 内，盛料斗内的焊芯在两个摆动轴 6 的作用下，把焊芯连续不断地排列整齐，最下面的焊芯压在一对送丝锥轮 2 上，因焊芯与送丝锥轮的摩擦力大于焊芯间的摩擦力，所以送丝锥轮能推动最下面的与锥轮接触的一根焊芯前进，加之后导丝管压板喇叭口的限制，也只能使底层的一根焊芯通过。通过后导丝管进入两个带 V 形槽的加速轮 4，再经过前导丝管，送入机头口由 V 形加速轮 4 夹紧的焊芯（靠调节加速轮上的弹簧及调节螺钉来夹紧），随加速轮的转动，将焊芯一根接一根地再沿长导丝管推送到焊条涂粉机的机头，与焊条涂粉机机头中的涂料汇合，在成形模孔中被压制成形，形成焊条。

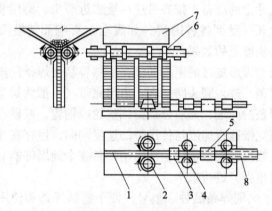

图 6-8　送丝机的传送机构
1—焊芯；2—送丝锥轮；3—后导丝管及压板；4—加速轮；
5—前导丝管及压板；6—摆动轴；7—盛料斗；8—长导丝管

送丝机的传动，是由电动机带动皮带轮，经齿轮等传动系统而进行传动传递。更换皮带轮，可以调整送丝速度，可以实行无级调速。

调整送丝轮、导丝管和加速轮三者的位置，以免送出的焊芯因受弯曲而变形。

送丝时的速度应与螺旋式焊条涂粉机的螺旋转速（或油压式焊条涂粉机的活塞移动速度、油压压强等）相匹配，均匀地送丝，才能取得良好的压涂效果。匹配不良和送丝不均匀会造成焊条药皮的竹节、皱皮或毛条等质量缺陷。

2）焊条磨头、磨尾。在焊条生产过程中，磨头磨尾机是完成焊条磨头、磨尾的。所谓磨头，即把焊条引弧端的药皮倒角或磨成弧形，露出焊芯端头（长约 0.5mm），便于引弧。而磨尾是去掉焊条的夹持端的药皮（长度约 15~30mm），便于夹持和导电。

磨头磨尾机由挡板、齿形传送带、坦克带（压紧装置）、磨头磨尾装置、传动系统和机座组成。图 6-9 为磨头、磨尾示意图。

磨头磨尾机的工作原理：从螺旋式焊条涂粉机压涂出来的焊条，在与挡板碰撞后落入

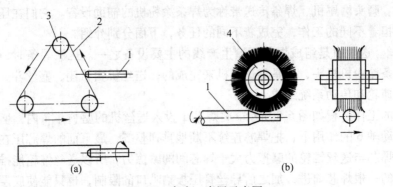

图 6-9　磨头、磨尾示意图

(a) 磨头；(b) 磨尾

1—焊条；2—砂布带；3—带轮；4—钢丝刷

传送带，并经过其中的齿形传送带进行排列、整理，靠排齐带将焊条端头排齐，为焊条的磨头、磨尾做好几何尺寸上的准备。排齐带应尽量靠近磨头、磨尾装置，避免当焊条进入平皮带时，由于路程太长，受到各种因素（如震动）影响而使端面已调齐的焊条发生偏移，甚至歪斜，影响磨头磨尾的效果。

　　排齐带的速度必须与齿形皮带的速度同步，不然容易使焊条药皮擦伤和影响焊条平稳地前进。经排齐后的焊条，进入磨头磨尾区，由坦克带（一般为运动式的）将焊条压在正在运转的平皮带上，焊条的两端，先后分别由钢丝轮或钢轮，或砂布带进行磨头，而由钢丝轮进行磨尾。由于坦克带运行速度与传送带的速度同向，但存在速度差，造成焊条在坦克带和传送带间旋转，或旋转次数增加，从而使焊条整个圆周都能被磨削到。经磨头磨尾的焊条转入传送带输送出去，进行烘干。

　　3）焊条印字。为了区别焊条品种、型号，便于鉴别焊条和使用，常在焊条药皮表面上进行印字，或在焊条夹持端涂色来加以区别。

　　焊条的印字可在焊条烘干前或烘干后进行。一般都装在焊条生产线上，在焊条烘干前进行印字。图 6-10 为焊条印字机传动结构示意图。

　　焊条印字的过程是：印字液通过印液滚轮、中间滚轮，传递到印字滚轮上，然后印在焊条上。调节调节螺钉，可以控制印液的传递量，避免印液过多而使字迹不清晰，或污染焊条药皮。调换印字滚轮或印字滚轮上的橡皮印字带，即可印刷不同的字迹。

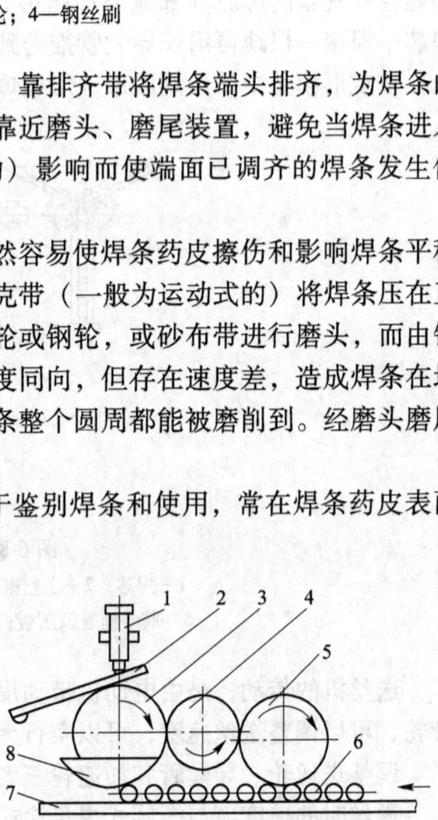

图 6-10　焊条印字机传动结构示意图

1—调节螺钉；2—羊毛毡；3—印液滚轮；

4—中间滚轮；5—印字滚轮；

6—焊条；7—传送带；8—印涂斗

6.1.7.6　焊条的烘干工艺

　　烘干质量不仅影响着焊条的质量，而且对焊条的成品率和技术经济指标，也有重要的影响。在实际生产中，往往由于设备故障、责任事故或烘干工艺不当等，造成大量已近成品的焊条报废，致使前功尽弃，损失严重。为此，各焊条厂对焊条的烘干都极为重视。

A 焊条的烘干过程及其意义

刚压出的焊条,药皮中含有较多的水分(一般约为4%~5%),称为湿焊条。未经烘干的湿焊条,不仅药皮强度低、易损伤、粘连、变形、起泡等,而且从焊接冶金上讲,也满足不了焊接质量的要求。因此,焊条必须进行烘干,烘干后才能保管和使用。

焊条的烘干,就是将湿焊条置于烘干炉中,通过加热,使药皮中的水分逐渐排除,使药皮干固、牢靠地包覆在焊芯上,从而使药皮具有较高的强度和耐吸潮性,并保持焊条药皮的成形性(形状和尺寸)和完整性的过程。

在焊条烘干过程中,药皮水分的排除,是蒸发—扩散—蒸发的过程,即先是药皮表面进行水分蒸发,继而内层水分沿药皮组成物、颗粒间的间隙(毛细管),不断向表皮扩散而被蒸发。伴随药皮内水分排除和减少,药皮组成物颗粒间互相接触而聚集,水玻璃发生缩聚和固化,增加了药皮强度和耐吸潮性,使药皮牢固地包覆在焊芯周围。

水分的蒸发速度与药皮的表面积、温度、环境湿度、气体流动速度等有关。当温度越高,湿度越小,气体流速越大,则蒸发越快,反之则慢。毛细管作用越强,越有利于内层水分的扩散。

水分蒸发速度应适宜,过快的蒸发速度,易使药皮表层干固,阻碍内层水分继续向外扩散,当达到一定压强时,会导致药皮开裂;若蒸发速度过慢,药皮内的水分较高,所需干燥的时间增长,有利于药皮中的铁合金与水玻璃发生反应而产生气体,会导致药皮起泡、变质。为此,焊条药皮水分必须有一个适宜的蒸发速度,才能保证焊条的烘干效果。

焊条烘干过程,包括晾干或低温干燥和高温烘焙。

(1)焊条晾干或低温干燥。将湿焊条在室温条件下,自然干燥的过程,称为晾干。晾干时,室温一般不低于15℃,相对湿度最好为50%~55%;螺旋式涂粉机生产的焊条的晾干时间为8~18h,可根据具体条件和焊条的品种、规格酌情掌握晾干时间。在晾干场地,应适当改善通风条件。自然晾干虽可以节约能源,但所需时间长、面积大、重复劳动多,劳动条件差,大批量生产时不宜采用。

低温烘干是将湿焊条摆放在具有加热和排潮装置的烘干房或烘干炉中进行干燥,也叫人工强制晾干。烘干温度一般为40~60℃,时间为4~8h,这样就缩短了时间,减少了占地面积,能源消耗较少,提高了质量,常为焊条厂所采用。

晾干或低温烘干的目的,在于将湿焊条中的水分部分排除掉,为高温烘焙做好准备。防止焊条粘连、起泡,提高焊要的烘干质量。在实际生产中,常用指甲按压焊条药皮,以无指甲压痕为低温烘干合格后,方可转入高温烘焙。

(2)焊条的高温烘焙。在高温烘干炉中,以较高的温度,将已晾干(或低温烘干)的焊条进行烘干,使其水分继续排除,这种使药皮干固的工艺过程,称为高温烘焙。

高温烘焙时,一般经低温、中温、高温并保温一定时间,冷却、出炉(一般为100℃以下)等过程。

由于焊条品种、规格的不同,高温烘焙工艺的最高控制温度、保温时间等,也有很大的差异。经高温烘焙后的焊条,药皮中的含水量一般要求为:酸性焊条≤1%(纤维素型焊条例外);碱性焊条≤0.4%。

B　焊条的烘干特点及主要工艺要求

不同的焊条，具有不同的烘干特点，其烘干工艺，也有较大的差异。为此，将几种典型焊条的烘干特点及其工艺要求进行概述。

（1）酸性碳钢焊条。酸性碳钢焊条药皮中，一般含有较多的云母和少量的有机物（木粉、微晶等）等弹性材料，使药皮具有较好的透气性和排水作用，易于烘干。所以，低温烘干（或晾干）的时间可以缩短；高温烘干时，升温速度可加快，以节约时间和能源，并可达到良好的烘干效果。其烘干温度为 180~220℃。如 E4303 焊条的烘干工艺：当用箱式烘干炉烘干时，一般为随炉升温，于 200~220℃，保温 1h，随炉降温至 100℃ 以下出炉。

（2）碱性焊条。碱性焊条药皮中含有较多的大理石、氟石和铁合金，药皮的毛细管作用弱，透气性差，常用钠或钾钠高模数水玻璃作黏结剂，水分扩散速度慢，排出困难，药皮中的铁合金易与水玻璃发生化学反应，使药皮起泡、变质，加之所用水玻璃黏性较大，易产生焊条粘连、药皮变形等。因此，这类焊条的烘干要求较酸性焊条严格。焊条在高温烘干前必须进行低温烘干或自然晾干。若采用自然晾干时，也必须控制室温、湿度、通风条件及晾干时间，待干燥后，才能进行高温烘干。对周期箱式烘干炉，高温烘干时，在低温阶段（100℃以下）应多次排潮，延长低温时间，严格控制升温速度，不可太快，一般约为 50℃/h，升温速度太快易导致药皮开裂或药皮粘连。一般烘干温度为 300~400℃，保温 1.5~2h 左右。在某些特殊条件下，最高烘干温度可高达 450℃。在焊条实际生产中，多采用低温和高温分炉烘干。

（3）不锈钢焊条。不锈钢焊条，一般说来是用不锈钢作焊芯的。而不锈钢的线膨胀系数远高于碳钢，一般均大于药皮的线膨胀系数，故这类焊条烘干的困难是在于极易产生药皮裂纹。

不锈钢焊条药皮类型有酸性（以金红石为主）和碱性（以大理石、氟石为主）两类，由于大都采用油压式焊条涂粉机进行生产，水玻璃的模数、浓度较高，黏性较大，易发生焊条粘连、裂纹等缺陷，所以这类焊条，高温烘干前应进行低温烘干。高温烘干时，升温速度应慢，避免急冷、急热。碱性药皮不锈钢焊条的烘干温度为 300~350℃，保温 1.5h；金红石型药皮的不锈钢焊条一般烘干温度为 250~300℃，保温 1~1.5h；而对含有较多硅铝酸盐的金红石型不锈钢焊条，烘干温度为 300~340℃，保温 1.5~2h。对碳钢芯不锈钢焊条，其烘干工艺参数可较同类型药皮的不锈钢芯焊条约高 20~40℃。

此外，焊条的烘干方法较多，用电、煤、气均可加热，可根据实际生产需要自行设计。

以上系统介绍了电焊条生产过程中常见的相关问题、产生原因及解决措施。但应当指出，影响焊条生产质量的因素很多，有时错综复杂，有不少棘手问题，时有重复出现，有时又不治自愈，有时又不能一刀切地做到"手到病除"。

这表明，我们对电焊条生产过程中相关问题的研究还有待进一步深入，对其规律还未全面掌握。但是，我们相信，只要我们能在生产实践中不断探索，不断总结，总会有所发现，有所前进，对其认识就一定会不断地提高和完善。

任务 6.2 焊 丝

焊丝是焊接时作为填充金属或同时用来导电的金属丝。它是埋弧焊、电渣焊、气体保护焊与气焊的主要焊接材料。由于气体保护焊在能耗与生产率两方面都明显优于焊条电弧焊，近年来在很多方面取代了焊条电弧焊。

6.2.1 焊丝的分类

6.2.1.1 按用途分

（1）碳钢焊丝；

（2）低合金钢焊丝；

（3）不锈钢焊丝；

（4）硬质合金堆焊焊丝；

（5）铜及铜合金焊丝；

（6）铝及铝合金焊丝；

（7）铸铁气焊焊丝。

6.2.1.2 按焊接方法分

（1）气焊用焊丝；

（2）埋弧焊用焊丝；

（3）气体保护焊焊丝；

（4）电渣焊用焊丝。

6.2.1.3 根据焊丝截面形状及结构分

（1）实芯钢焊丝；

（2）药芯焊丝。

6.2.2 实芯钢焊丝

大多数熔焊方法，如气保焊、埋弧焊、电渣焊、气焊等普遍使用实芯焊丝。为了防止生锈，碳钢焊丝、低合金钢焊丝表面都进行了镀铜处理。实芯钢焊丝是应用量最大的焊丝。

6.2.2.1 钢焊丝

钢焊丝适用于氩弧焊、二氧化碳气体保护焊、埋弧焊、气焊、电渣焊等焊接方法，用于低碳钢、低合金钢、不锈钢等材料焊接。对于低碳钢、低合金高强钢主要按等强度的原则，选择满足力学性能的焊丝；对于不锈钢、耐热钢等主要按焊缝金属与母材化学成分相同或相近的原则选择焊丝。

6.2.2.2　埋弧焊丝

应符合《熔化焊用钢丝》（GB/T 14957—2005）、《焊接用不锈钢丝》（YB/T 5092—2005）的规定。埋弧焊、电渣焊、气焊实芯焊丝牌号各字母代表的意义如下：

（1）牌号前加字母"H"，表示焊接用实芯焊丝。

（2）字母"H"后的一位或两位表示焊丝中碳的质量分数；

（3）化学元素符号后面的数字表示该元素大致的质量分数；

（4）尾标有字母"A"或"E"时，表示焊丝的质量等级，"A"表示优质，"E"表示特级。埋弧焊实芯焊丝的力学性能、特点和用途见表6-13。

表 6-13　埋弧焊实芯焊丝的力学性能、特点和用途

焊丝牌号	直径/mm	特点和用途	熔敷金属力学性能			
			抗拉强度 R_m/MPa	屈服强度 R_{el}/MPa	伸长率 A/%	冲击功 A_{KV}/J
H08A	2.0~5.0	低碳结构钢焊丝，在埋弧焊中用量最大，配合焊剂 HJ430\HJ431\HJ433 等焊接，用于低碳钢及某些低合金钢（如 16Mn）结构	410~550	≥330	≥22	≥27（0℃）
H08MnA	2.0~5.8	碳素钢焊丝，配合焊剂进行埋弧焊，焊缝金属具有优良的力学性能。用于碳钢和相应强度级别的低合金钢（如 16Mn 等）锅炉、压力容器的埋弧焊	410~550	≥330	≥22	≥27（0℃）
H10Mn2	2.0~5.8	镀铜的埋弧焊焊丝，配合焊剂 HJ130、HJ330、HJ350 焊接，焊缝金属具有优良的力学性能。用于碳钢及低合金钢（如 16Mn、14MnNb 等）焊接结构的埋弧焊	410~550	≥330	≥22	—
H10MnSi	2.0~5.0	镀铜焊丝，配用相应的焊剂可获得力学性能良好的焊缝金属，焊接效率高，焊接质量稳定可靠。用于焊接重要的低碳钢和低合金钢结构	410~550	≥330	≥22	≥27（0℃）
HYD047	3.0~5.0	配用焊剂 HJ107 的堆焊焊丝，熔敷金属具有良好的抗挤压磨粒磨损能力，抗裂性能优良，冷焊无裂纹。焊丝表面无缝，可镀铜处理，焊接操作简单，电弧稳定，抗网压波动能力强、工艺性能良好。常用于辊压机挤压辊表面的堆焊	—	—	—	—

6.2.2.3　不锈钢用焊丝

不锈钢焊接时，采用的焊丝成分要与被焊接的不锈钢成分基本一致。焊接铬不锈钢时可采用 H0Cr14、H1Cr13、H1Cr17 等焊丝，焊接铬、镍不锈钢时，可采用 H0Cr19Ni9、H0Cr19Ni9Ti 等焊丝；焊接超低碳不锈钢时，应采用相应的超低碳焊丝，如 H00Cr19Ni9 等。焊剂可采用熔炼型或烧结型，要求焊剂的氧化性要小，以减少合金元素的烧损。目前国外主要采用烧结焊剂焊接不锈钢，我国仍以熔炼焊剂为主，但正在研制和推广使用烧结焊剂。

6.2.2.4 气体保护焊用焊丝

GB/T 8110—1995 中，焊丝按化学成分和采用熔化极气体保护焊时熔敷金属的力学性能分类，型号用 ER××-×× 表示。字母"ER"表示焊丝，后面两位数字表示熔敷金属的最低抗拉强度，短划后面的数字表示焊丝化学成分分类代号；如还附加其他元素时，直接用元素符号表示，并以短划与前面数字分开。例如：

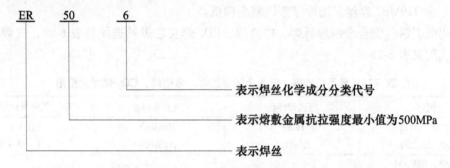

（1）CO_2 焊焊丝。目前在我国，CO_2 焊已经得到广泛应用，主要用于碳钢、低合金钢的焊接，最常用的焊丝是 ER49-1 和 ER50-6。ER49-1 对应的牌号为 H08Mn2SiA、ER50-6 对应的牌号为 H11Mn2SiA。ER50-6 焊丝应用的更广。

CO_2 为非活性气体，具有较强的氧化性，因此 CO_2 焊所用焊丝必须含有较高的 Mn、Si 等脱氧元素。CO_2 焊通常采用 C-Mn-Si 系焊丝，如 H08MnSiA、H08Mn2SiA、H04Mn2SiTiA 等。CO_2 焊焊丝直径一般是：0.8mm、1.0mm、1.2mm、1.6mm、2.0mm 等。焊丝直径≤1.2mm 的属于细丝 CO_2 焊，焊丝直径≥1.6mm 的属于粗丝 CO_2 焊。

H08Mn2SiA 焊丝是一种广泛应用的 CO_2 焊焊丝，它有较好的工艺性能，适合焊接 500MPa 级以下的低合金钢。对于强度级别要求更高的钢种，应采用焊丝成分中含有 Mo 元素的 H10MnSiMo 等牌号的焊丝。

（2）TIG 焊焊丝。TIG 焊接有时不加填充焊丝，被焊母材加热熔化后直接连接起来，有时加填充焊丝，由于保护气体为纯 Ar，无氧化性，焊丝熔化后成分基本不发生变化，所以焊丝成分即为焊缝成分。也有的采用母材成分作为焊丝成分，使焊缝成分与母材一致。TIG 焊时焊接能量小，焊缝强度和塑、韧性良好，容易满足使用性能要求。

（3）MIG 和 MAG 焊丝。MIG 方法主要用于焊接不锈钢等高合金钢。为了改善电弧特性，在 Ar 气体中加入适量 O_2 或 CO_2 气体，即成为 MAG 方法。焊接合金钢时，采用 Ar 加 5%CO_2 的混合气体可提高焊缝的抗气孔能力。但焊接超低碳不锈钢时不能采用 Ar 加 5% CO_2 的混合气体，只可采用 Ar 加 2%O_2 的混合气体，以防止焊缝增碳。目前低合金钢的 MIG 焊接正在逐步被 Ar 加 20%CO_2 的 MAG 焊接所取代。MAG 焊接时由于保护气体有一定的氧化性，应适当提高焊丝中 Si、Mn 等脱氧元素的含量，其他成分可以与母材一致，也可以有所差别。焊接高强钢时，焊缝中 C 的含量通常低于母材，Mn 含量则应高于母材，这不仅是为了脱氧，也是焊缝合金成分的要求。为了改善低温韧性，焊缝中的 Si 的含量不宜过高。

（4）电渣焊焊丝。电渣焊适用于中板和厚板焊接。电渣焊焊丝主要起填充金属和合金化的作用。

需要注意的是，焊丝的选用有时还需考虑焊接工艺因素，如坡口、接头形式等。当焊剂确定后，对于同种母材由于坡口和接头形式不同，焊丝的匹配也应有所不同。如用 HJ431 配 H08A 埋弧焊焊接不开坡口的 Q345（16Mn）对接接头时，可满足力学性能要求；若焊接中厚板开坡口的 Q345（16Mn）对接接头时，如仍用 H08A 焊丝，由于熔合比比较小，焊缝强度就会偏低，因此应采用 H08MnA 或 H10Mn2 焊丝。由于角接接头、T 形接头冷却速度较对接及头大，此时焊接 Q345（16Mn）时，应选用 H08A 焊丝，否则采用 H08MnA 或 H10Mn2 焊丝，则焊缝塑性就会偏低。

常用低碳钢、低合金钢埋弧焊、电渣焊、CO_2 焊实芯焊丝选用见表 6-14，气焊钢实芯焊丝的选用见表 6-15。

表 6-14　常用低碳钢、低合金钢埋弧焊、电渣焊、CO_2 焊焊丝选用

钢号	埋弧焊焊丝	电渣焊焊丝	CO_2 气体保护焊焊丝
Q235、Q255	H08A	H08MnA	ER49-1
20、25、30	H08MnA	H10MnSi	ER50-6
Q295（09Mn2）	H08A	H10Mn2	ER49-1
Q295（09MnV） 09Mn2Si	H08MnA	H10MnSi	ER50-6
Q345（16Mn） Q345（14MnNb）	薄板：H08A H08MnA 不开坡口对接 H08A 中板开坡口对接 H08MnA H10Mn2 厚板深坡口 H10Mn2 H08MnMoA	H08MnMoA	ER49-1 ER50-6
Q390（16MnV） Q390（16MnNb） 15MnVCu	不开坡口对接 H08MnA 中板开坡口对接 H10Mn2 H10MnSi 厚板深坡口 H10Mn2 H08MnMoA	H08MnMoA H08Mn2MoVA	ER49-1 ER50-6
Q390（16MnNb） 15MnVCu	H10Mn2 H08MnMoA H08Mn2MoVA	H08MnMoA H08Mn2MoVA H08Mn2NiMo	ER49-1 ER50-6
18MnMoNb 14MnMoV 14MnMoVCu	H08MnMoA H08Mn2MoVA		
X60 X65	H08Mn2MoA H08MnMoA		

表6-15　气焊钢焊丝的选用

碳素结构钢焊丝		合金结构焊丝		不锈钢焊丝	
牌号	用途	牌号	用途	牌号	用途
H08	焊接一般低碳钢结构	H10Mn2 H08Mn2Si	用途与 H08Mn 相同	H03Cr21Ni10	焊接超低碳不锈钢
H08A	焊接较重要低、中碳钢及某些低合金钢结构	H10Mn2MoA	焊接普通低合金钢	H06Cr21Ni10	焊接 18-8 型不锈钢
H08E	用途与 H08A 相同工艺性能好	H10Mn2MoVA	焊接普通低合金钢	H08Cr21Ni10	焊接 18-8 型不锈钢
H08Mn	焊接较重要的碳素钢及普通低合金钢结构，如锅炉、受压容器等	H08CrMoA	焊接铬钼钢等	H08Cr19Ni10Ti	焊接 18-8 型不锈钢
H08MnA	用途与 H08 相同工艺性能好	H18CrMoA	焊接结构钢，如铬钼钢、铬锰硅钢等	H12Cr24Ni13	焊接高强度结构钢和耐热合金钢
H15A	焊接中等强度工件	H30CrMnSiA	焊接铬锰硅钢	H12Cr26Ni21	焊接高强度结构钢和耐热合金钢
H15Mn	焊接中等强度工件	H10CrMnA	焊接耐热合金钢		

6.2.2.5　有色金属及铸铁焊丝

牌号前两个字母"HS"表示有色金属及铸铁焊丝；牌号中第一位数字表示焊丝的经学组成类型，牌号中第二、三位数字表示同一类型焊丝的不同牌号。

（1）堆焊焊丝。目前生产的堆焊用硬质合金焊丝主要有两类：即高铬合金铸铁（索尔玛依特）和钴基（司太立）合金。高铬合金铸铁具有良好的抗氧化性和耐气蚀性能，硬度高、耐磨性好。而钴基合金则在650℃的高温下，亦能保持高的硬度和良好的耐蚀性能。其中低碳、低钨的韧性好；高碳、高钨的硬度高，但抗冲击能力差。

硬质合金堆焊焊丝可采用氧-乙炔、气电焊等方法堆焊，其中氧-乙炔堆焊虽然生产效率低，但设备简单，堆焊时熔深浅，母材熔化量少，堆焊质量高，因为应用较广泛。

（2）铜及铜合金焊丝。铜及铜合金焊丝常用于焊接铜及铜合金，根据 GB/T 3670—1995《铜及铜合金焊丝》规定，其焊丝牌号是以"HS"为标记，后面的元素符号表示焊丝主要合金元素，元素符号后面的数字表示顺序号。如 HSCu 为常用的氩弧焊及气焊紫铜丝。其中黄铜焊丝也广泛用于钎焊碳钢、铸铁及硬质合金刀具等。铜及铜合金的焊接，可以采用多种焊接方法，正确地选择填充金属是获得优质焊缝的必要条件。用氧-乙炔气焊时应配合气焊熔剂共同使用。常见铜及铜合金焊丝的型号、成分及用途见表6-16。

表 6-16　常用铜及铜合金焊丝的型号、成分及用途

焊丝牌号	焊丝代号	名称	主要化学成分	熔点/℃	用途
HSCu	HS201	特制紫铜焊丝	$w(Sn) = 1.0\% \sim 1.1\%$、$w(Si) = 0.35\% \sim 0.5\%$、$w(Mn) = 0.35\% \sim 0.5\%$，其余为 Cu	1050	紫铜的气焊及氩弧焊
HSCu	HS202	低磷铜焊丝	$w(P) = 0.2\% \sim 0.4\%$，其余为 Cu	1060	紫铜的气焊及碳弧焊
HSCuZn-1	HS221	锡黄铜焊丝	$w(Cu) = 59\% \sim 61\%$、$w(Sn) = 0.8\% \sim 1.2\%$、$w(Si) = 0.15\% \sim 0.35\%$，其余为 Zn	890	黄铜的气焊及碳弧焊。也可用于钎焊铜、钢、铜镍合金、灰铸铁以及镶嵌硬质合金刀具等。其中 HS222，流动性较好，HS224 能获得较好的力学性能
HSCuZn-2	HS222	铁黄铜焊丝	$w(Cu) = 57\% \sim 59\%$、$w(Sn) = 0.7\% \sim 1.0\%$、$w(Si) = 0.05\% \sim 0.15\%$、$w(Fe) = 0.35\% \sim 1.20\%$、$w(Mn) = 0.03\% \sim 0.09\%$，其余为 Zn	860	
HSCuZn-4	HS224	硅黄铜焊丝	$w(Cu) = 61\% \sim 69\%$、$w(Si) = 0.3\% \sim 0.7\%$，其余为 Zn	905	

（3）铝及铝合金焊丝。根据《铝及铝合金焊丝》（GB/T 3669—2001）规定，其焊丝型号是以"S"为标记，后面的元素符号表示焊丝主要合金组成，元素符号后面的数字表示同类焊丝的不同品种。如 SAlSi-1 为常用的氩弧焊及气焊铝硅合金焊丝。

铝及铝合金焊丝用于铝合金氩弧焊及氧-乙炔气焊时作填充材料。焊丝的选择主要根据母材的种类、对接接头抗裂性能、力学性能及耐蚀性等方面的要求综合考虑。一般情况下，焊接铝及铝合金都采用与母材成分相同或相近牌号的焊线，这样可以获得较好的耐蚀性；但焊接热裂倾向大的热处理强化铝合金时，选择焊丝则主要从解决抗裂性入手，这时焊丝的成分与母材差别很大。常用铝及铝合金焊丝型号、牌号、成分及用途见表 6-17。

表 6-17　常用铝及铝合金焊丝型号、牌号、成分及用途

焊丝型号	焊丝牌号	名称	主要化学成分	熔点/℃	用途
SAl-3	HS301	纯铝焊丝	$w(Al) \geqslant 99.6\%$	660	纯铝的气焊及氩弧焊
SAlSi-1	HS311	铝硅合金焊丝	$w(Si) = 4\% \sim 6\%$，其余为 Al	580~610	焊接除铝镁合金外的铝合金
SAlMn	HS321	铝锰合金焊丝	$w(Mn) = 1.0\% \sim 1.6\%$，其余为 Al	643~654	铝锰合金的气焊及氩弧焊
SAlMg	HS331	铝镁合金焊丝	$w(Mg) = 4.7\% \sim 5.7\%$、$w(Mn) = 0.2\% \sim 0.6\%$、$w(Si) = 0.2\% \sim 0.5\%$，其余为 Al	638~660	焊接铝镁合金及铝锌镁合金

（4）铸铁焊丝。根据《铸铁焊条及焊丝》（GB 10044—1988）规定，其焊丝型号是以"R"为标记，以"Z"表示焊丝用于铸铁焊接，RZ 后用字母表示熔敷金属类型，以"C"表示灰铸铁、以"CH"表示合金铸铁，以"CQ"表示球墨铸铁，再细分时用数字表示，并以短横线"—"与前面化学元素分开。如 RZCH 表示熔敷金属类型为合金铸铁的铸铁焊丝。

主要用于气焊焊补铸铁。由于氧-乙炔火焰温度（小于 3400℃）比电弧温度（6000℃）低很多，而且热点不集中，较适于灰口铸铁薄壁铸件的焊补。此外，气焊火焰温度低可减少球化剂的蒸发，有利于保证焊缝获得球墨铸铁组织。目前气焊用球铁焊丝主要有加稀土镁合金和钇基重稀土的两种，由于钇的沸点高，抗球化衰退能力比镁强，更有

利于保证焊缝球化，故近年来应用较多。

6.2.3　药芯焊丝

由薄钢带卷成圆形或异形钢管的同时，填进一定成分的药粉料，芯部药粉的成分与焊条的药皮类似。经拉制而成的焊丝叫作药芯焊丝。药芯焊丝截面形状有"O""梅花""T""E""中间填丝"形等，各种药芯焊丝截面形状如图 6-11 所示。

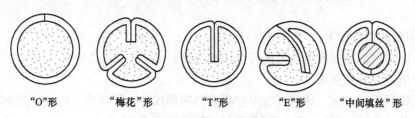

"O"形　　　"梅花"形　　　"T"形　　　"E"形　　　"中间填丝"形

图 6-11　药芯焊丝的截面形状

6.2.3.1　药芯焊丝的分类

药芯焊丝大致有以下几种分类方法：

A　根据外层结构分

（1）有缝药芯焊丝。由冷轧薄钢带首先扎成 U 形，加入药芯后再扎成 O 形，折叠后扎成 E 形。

（2）无缝药芯焊丝。用焊成的钢管或无缝钢管加药芯制成。这种焊丝的优点是密封性好，焊芯不会受潮变质，在制造中可对表面镀铜，改进了送丝性能，同时又具有性能高、成本低的特点，因而已成为药芯焊丝的发展方向。

B　根据熔渣的碱度分

（1）钛型药芯焊丝（酸性渣）。它具有焊道成形美观、工艺性好、适于全位置焊的优点。缺点是焊缝的韧性不足，抗裂性稍差。

（2）钙性药芯焊丝（碱性渣）。与钛型药芯焊丝相反，钙型药芯焊丝的焊缝韧性和抗裂性能优良，而焊缝成型与焊接工艺性能稍差。

6.2.3.2　碳钢药芯焊丝牌号与型号

（1）药芯焊丝的牌号。

1）牌号的第一个字母"Y"表示药芯焊丝。第二个字母与随后的三位数字的含义与焊条牌号的编制方法相同，如 YJ×××为结构钢药芯焊丝，YR×××为耐热钢药芯焊丝。

2）牌号中短横线后的数字，表示焊接时的保护方法："1"为气保护；"2"为自保护；"3"为气保护与自保护两用；"4"为其他保护形式。

3）药芯焊丝有特殊性能和用途时，则在牌号后面加注起主要作用的元素和主要用途的字母。

（2）碳钢药芯焊丝的型号。

碳钢药芯焊丝的型号遵从国标《碳钢药芯焊丝》（GB 10045—88）。

1）英文字母"EF"表示药芯焊丝。代号后面第一位数字表示适用的焊接位置："0"表示用于平焊和横焊；"1"表示用于全位置焊。第二位数字或英文字母为分类代号。

2）短横线后用四位数字表示焊缝金属的力学性能。前两位表示最小抗拉强度值。

（3）药芯焊丝的特点。药芯焊丝芯部粉剂的成分和焊条的药皮相似，含有稳弧剂、脱氧剂、造渣剂和铁合金等。按粉剂成分可分为钛型、钙型、和钛钙型几种。粉剂中一般含有较多的铁粉，目的在于提高焊丝的熔敷系数，增加焊丝整个截面的均匀性和粉剂的流动性。

药芯焊丝的优点如下：

1）在一定的焊接参数下，可进行全位置焊接；

2）对电源无特殊要求；

3）对钢材适应性强，通过调节焊丝药芯部粉剂成分，可焊接不同成分的钢材；

4）熔敷速度高，用 $\phi 1.2mm$ 药芯焊丝，熔敷速度为 65g/min。

任务 6.3　焊　　剂

6.3.1　焊剂的作用及分类

6.3.1.1　焊剂的作用

（1）焊接时熔化产生气体和熔渣，有效地保护了电弧和熔池。

（2）对焊缝金属渗合金，改善焊缝的化学成分和提高其力学性能。

（3）改善焊接工艺性能，使电弧能稳定燃烧，脱渣容易，焊缝成形美观。

6.3.1.2　按焊剂制造方法分类

（1）熔炼焊剂。按照配方将一定比例的各种配料，在炉内熔炼后经水冷粒化、烘干、筛选而制成。

（2）非熔炼焊剂。将一定比例的配料粉末，混合均匀并加入适量的黏结剂后经过烘焙而成。根据烘焙温度不同，又分为：

1）黏结焊剂。在 400℃ 以下低温烘焙，烘焙前先进行粒化。

2）烧结焊剂。在 400~1000℃ 高温下烧结成块，然后粉碎、筛选而成。其中烧结温度为 400~600℃ 的叫作低温烧结焊剂，烧结温度高于 700℃ 的叫作高温烧结焊剂。前者可以渗合金，后者则只有造渣和保护作用。

6.3.1.3　按焊剂化学成分分类

（1）按氧化物性质。可分为酸性焊剂、中性焊剂和碱性焊剂。

（2）按 SiO_2 含量。可分为高硅焊剂、中硅焊剂和低硅焊剂。

（3）按 MnO 含量。可分为高锰焊剂、中锰焊剂、低锰焊剂和无锰焊剂。

（4）按 CaF_2 含量。可分为高氟焊剂、中氟焊剂、低氟焊剂。

（5）按照焊剂的主要成分特性。可以分为氟碱型焊剂、高铝型焊剂、硅钙型焊剂、硅锰型焊剂、铝钛型焊剂。这种分类方法一般用于非熔炼焊剂。

6.3.1.4 按焊剂的氧化性分类

（1）氧化性焊剂。焊剂对焊缝金属具有较强的氧化作用。可以分为两种：一种是含有大量 SiO_2、MnO 的焊剂；另一种是含较多的 FeO 的焊剂。

（2）弱氧化性焊剂。焊剂含有 SiO_2、MnO、FeO 等氧化物较少，对金属有较弱的氧化作用，焊缝含氧量较低。

（3）惰性焊剂。焊剂中基本不含 SiO_2、MnO、FeO 等氧化物，所以对于焊接金属没有氧化作用。此类焊剂的成分是由 Al_2O_3、CaO、MgO、CaF_2 等组成，如图 6-12 所示。

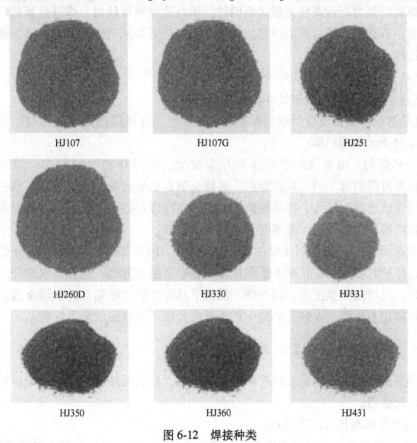

图 6-12 焊接种类

6.3.2 对焊剂的要求

（1）焊剂应具有良好的冶金性能，在焊接时，配以适当的焊丝和合理的焊接工艺，焊缝金属应能得到适宜的化学成分和符合要求的力学性能，并有较强的抗冷裂纹和热裂纹的能力。

（2）焊剂应具有良好的工艺性能，焊接时电弧燃烧稳定，熔渣具有适宜的熔点、黏度和表面张力，焊缝成形良好，脱渣容易并且焊接中产生的有毒气体较少。

（3）焊剂的颗粒度应符合要求，每种焊剂均有不同颗粒度的粉末组成。而每种颗粒度的粉末只能规定占有一定的比例。

（4）焊剂含水量为 0.10%。

（5）焊剂中机械夹杂物含量不大于 0.30%。

（6）焊剂的含硫量不大于 0.060%，含磷量不大于 0.080%。

6.3.3　常用焊剂的性能及用途

6.3.3.1　熔炼焊剂的性能和用途

（1）高硅焊剂。根据焊剂含 MnO 量不同，高硅焊剂又可分为高硅高锰焊剂、高硅中锰焊剂、高硅低锰焊剂及高硅无锰焊剂四种。用高硅焊剂焊接时，焊缝金属的硅一般是通过焊剂过渡，不必选含硅量高的焊丝。高硅焊剂应按下列原则选配焊丝焊接低碳钢或某些低合金钢结构。

1）高硅无锰或低锰焊剂应配合高锰焊丝；

2）高硅中锰焊剂应配合中锰焊丝；

3）高硅高锰焊剂应配合低碳钢焊丝或含锰焊丝，这是国内目前应用最广泛的一种配合方式，多用于低碳钢结构。

（2）中硅焊剂。由于这种焊剂含 SiO_2 量较少，含 CaO 和 MgO 较多，焊剂的碱度较高。大多数中硅焊剂属于弱氧化性焊剂，焊缝金属含氧量较低。这类焊剂也具有良好的脱渣性，但焊缝成形及抗气孔、抗冷裂纹能力不如高硅焊剂好。为了消除由氢引起的焊接裂纹，通常在高温下熔烘焊剂，施焊时宜采用直流反接。

（3）低硅焊剂。低硅焊剂主要由 CaO、Al_2O_3、MgO、CaF_2 等组成。这种焊剂中 SiO_2 含量很少，焊接时合金元素几乎不被氧化，焊缝中氧的含量低，配合不同成分的焊丝焊接高强度钢时，可以得到强度高、塑性好、低温下具有良好冲击韧性的焊缝金属。这种焊剂的缺点是焊接工艺性能不太好，焊缝中扩散氢含量高，抗冷裂纹能力较差。

6.3.3.2　烧结焊剂的性能及用途

烧结焊剂是继熔炼焊剂后发展起来的新型焊剂，目前国外已广泛用它来焊接碳钢、高强度钢和高合金钢。

（1）烧结型焊剂具有以下优点：

1）可以连续生产，不经过高温熔炼，劳动条件好，成本低，一般为熔炼焊剂的 1/3 ~ 1/2。

2）焊剂的碱度调节范围较大，当其碱度高达 3.5 时（熔炼焊剂最高为 2.5 左右）仍具有良好的稳弧性和脱渣性，并可交直流两用，烟尘也很小。目前各国发展的窄间隙埋弧焊接都是采用高碱度烧结焊剂。

3）由于烧结焊剂碱度高，冶金效果好，故焊缝金属能得到较好的强度，塑性和韧性的配合性好。

4）焊剂中可以加入脱氧剂以及其他合金成分，具有比熔炼焊剂更好的抗锈能力。

5）焊剂的松装密度较小，焊接时焊剂的消耗量少，可以采用大电流焊接，焊接速度可高达 150m/h，适于多丝大电流高速埋弧焊。

6）烧结焊剂颗粒圆滑，在管道中输送和回收时阻力比熔炼焊剂小。烧结焊剂如图 6-13 所示。

图 6-13 烧结焊剂

（2）各渣系类型烧结焊剂的性能和用途。

1）氟碱型烧结焊剂，属于碱性焊剂，其特点是含 SiO_2 量低，可以限制硅向焊缝中过渡，能得到冲击韧性高的焊缝金属。

2）硅钙型烧结焊剂，属于中性焊剂，由于焊剂中含有较多的 SiO_2，即使采用含硅量低的焊丝，仍可得到含硅量高的焊缝金属。

3）硅锰型烧结焊剂，属于酸性焊剂，主要由 MnO 和 SiO_2 组成。此焊剂焊接工艺性能良好，具有较高的抗气孔能力。

4）铝钛型烧结焊剂，属于酸性焊剂，具有较强的抗气孔能力，对于少量的铁锈及高温氧化膜不敏感。

5）高铝型烧结焊剂，其性能介于铝钛型与氟碱型之间。

6.3.4　焊剂的型号与牌号

6.3.4.1　碳钢焊剂型号

依据《埋弧焊用碳钢焊丝和焊剂》（GB/T 5293—1999）的规定，碳钢焊剂型号分类根据焊丝-焊剂组合的熔敷金属力学性能、热处理状态进行划分。具体表示为：

$$F\times\times\times—H\times\times\times$$

（1）字母"F"表示焊剂。

（2）字母后第一位数字表示焊丝-焊剂组合的熔敷金属抗拉强度值，数值如表 6-18 所示。

表 6-18　熔敷金属力学性能

焊剂型号	抗拉强度 R_m/MPa	屈服强度 R_{el}/MPa	伸长率 A/%
F4××—H×××	415~550	≥330	≥22
F5××—H×××	480~650	≥400	≥22

（3）第二位字母表示试件的热处理状态。"A"表示焊态，"P"表示焊后热处理状态。

（4）第三位数字表示熔敷金属冲击吸收功不小于 27J 时的最低试验温度。

（5）短横线"—"后面表示焊丝牌号，牌号按 GB/T 14957—1994 确定。

例如：

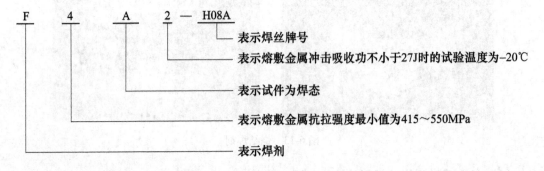

（1）表示焊丝牌号
（2）表示熔敷金属冲击吸收功不小于27J时的试验温度为−20℃
（3）表示试件为焊态
（4）表示熔敷金属抗拉强度最小值为415~550MPa
（5）表示焊剂

6.3.4.2　低合金钢焊剂型号

根据《低合金钢埋弧焊焊剂》（GB/T 12470—2003）的规定，低合金钢埋弧焊焊剂型号分类根据焊丝-焊剂组合的熔敷金属力学性能、热处理状态及焊剂渣系进行划分。具体表示为：

$$F×××—H×××$$

（1）字母"F"表示焊剂。

（2）字母后第一位数字表示焊丝-焊剂组合的熔敷金属抗拉强度值，数值如表 6-19 所示。

表 6-19　熔敷金属力学性能

焊剂型号	抗拉强度 R_m/MPa	屈服强度 R_{el}/MPa	伸长率 A/%
F5××—H×××	480~650	≥380	≥22
F6××—H×××	550~690	≥460	≥20
F7××—H×××	620~760	≥540	≥17
F8××—H×××	690~820	≥610	≥16
F9××—H×××	760~900	≥680	≥15
F10××—H×××	820~970	≥750	≥14

（3）第二位字母表示试件的热处理状态。"0"表示焊态，"1"表示焊后热处理状态。

（4）第三位数字表示熔敷金属冲击吸收功不小于 27J 时的最低试验温度。

（5）第四位数字表示焊剂渣类别代号，见表 6-20。

（6）短横线"—"后面表示焊丝牌号，牌号按 GB/T 14957—1994 确定。

表 6-20　焊剂渣系分类及组分

渣系代号 X_4	主要成分	渣系
F5××—H×××	$w(CaO+MgO+MnO+CaF_2)>50\%$， $w(SiO_2)\leqslant20\%$，$w(CaF_2)>15\%$	氟碱型
F6××—H×××	$w(Al_2O_3+CaO+MgO)>45\%$， $w(Al_2O_3)>20\%$	高铝型
F7××—H×××	$w(CaO+MgO+SiO_3)>60\%$	硅钙型
F8××—H×××	$w(MnO+SiO_2)>50\%$	硅锰型
F9××—H×××	$w(Al_2O_3+TiO_2)>45\%$	铝钛型
F10××—H×××	不作规定	其他型

例如：F5121—H08MnMoA，表示这种焊剂采用 H08MnMoA 焊丝，熔敷金属的抗拉强度为 480~650MPa，试样为焊后热处理状态，在−20℃时 V 口冲击吸收功不小于 27J，焊剂渣系为氟碱型。

6.3.4.3　焊剂的牌号

A　熔炼焊剂牌号的表示方法

焊剂牌号表示为"HJ×××"，HJ 后面有三位数字，具体内容是：

（1）第一位数字表示焊剂中氧化锰的平均含量，如表 6-21 所示；

（2）第二位数字表示焊剂中二氧化硅、氟化钙的平均含量，如表 6-22 所示；

表 6-21　氧化锰的平均含量

焊剂牌号	焊剂类型	氧化锰平均含量
HJ1××	无　锰	$w(MnO)<2\%$
HJ2××	低　锰	$w(MnO)\approx2\%\sim15\%$
HJ3××	中　锰	$w(MnO)\approx2\%\sim15\%$
HJ4××	高　锰	$w(MnO)>30\%$

表 6-22　二氧化硅、氟化钙的平均含量

焊剂牌号	焊剂类型	二氧化硅、氟化钙平均含量
HJ×1×	低硅低氟	$w(SiO_2)<10\%$，$w(CaF_2)<10\%$
HJ×2×	中硅低氟	$w(SiO_2)\approx10\%\sim30\%$，$w(CaF_2)<10\%$
HJ×3×	高硅低氟	$w(SiO_2)>30\%$，$w(CaF_2)<10\%$
HJ×4×	低硅中氟	$w(SiO_2)<10\%$，$w(CaF_2)\approx10\%\sim30\%$
HJ×5×	中硅中氟	$w(SiO_2)\approx10\%\sim30\%$，$w(CaF_2)\approx10\%\sim30\%$
HJ×6×	高硅中氟	$w(SiO_2)>30\%$，$w(CaF_2)\approx10\%\sim30\%$
HJ×7×	低硅高氟	$w(SiO_2)<10\%$，$w(CaF_2)>30\%$
HJ×8×	中硅高氟	$w(SiO_2)\approx10\%\sim30\%$，$w(CaF_2)>30\%$

（3）第三位数字表示同一类型焊剂不同牌号。对同一种牌号焊剂生产的两种颗粒度，则在细颗粒产品后面加"X"。

例如：

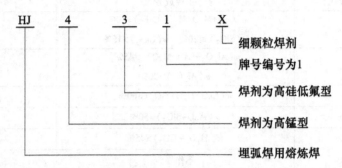

　细颗粒焊剂
　牌号编号为1
　焊剂为高硅低氟型
　焊剂为高锰型
　埋弧焊用熔炼焊

B　烧结剂的牌号表示方法

焊剂牌号表示为"SJ×××"，SJ 后面有三位数字，具体内容是：

（1）第一位数字表示焊剂熔渣的渣系类型，如表 6-23 所示；

（2）第二、三位数字表示同一渣系类型焊剂中的不同牌号，按 01，02，…，09 顺序排列。

表 6-23　烧结焊剂牌号及其渣系类型

焊剂牌号	熔渣渣系类型	主要组分范围
SJ1××	氟碱型	$w(CaF_2)>15\%$，$w(CaO+MgO+CaF_2)>50\%$，$w(SiO_2)\leqslant20\%$
SJ2××	高铝型	$w(Al_2O_3)\geqslant20\%$，$w(Al_2O_3+CaO+MgO)>45\%$
SJ3××	硅钙型	$w(SiO_2+CaO+MgO)>60\%$
SJ4××	硅锰型	$w(MnO+SiO_2)>50\%$
SJ5××	铝钛型	$w(Al_2O_3+TiO_2)>45\%$
SJ6××	其他型	

6.3.5　焊剂的保管

为保证焊接质量，焊剂应正确保管和使用，应存放在干燥库房内，防止受潮；使用前应对焊剂进行烘干，熔炼焊剂要求 $200\sim250$℃下烘焙 $1\sim2h$；烧结焊剂应在 $300\sim400$℃烘焙 $1\sim2h$。使用回收的焊剂，应清除其中渣壳、碎粉及其他杂物，并与新焊剂混匀后使用。

任务 6.4　焊接用气体

6.4.1　焊接用气体

焊接用气体主要是指气体保护焊（二氧化碳气体保护焊、惰性气体保护焊）中所用的保护性气体和气焊、切割时用的气体，包括二氧化碳（CO_2）、氩气（Ar）、氦气（He）、氧气（O_2）、可燃气体、混合气体等。焊接时保护气体既是焊接区域的保护介质，也是产生电弧的气体介质；气焊和切割主要是依靠气体燃烧时产生的热量集中的高温火焰完成，因此气体的特性（如物理特性和化学特性等）不仅影响保护效果，也影响到电弧的引燃及焊接、切割过程的稳定性。

6.4.1.1　焊接用气体的分类

根据各种气体在工作过程中的作用，焊接用气体主要分为保护气体和气焊、切割时所用的气体。

（1）保护气体。保护气体主要包括二氧化碳（CO_2）、氩气（Ar）、氦气（He）、氧气（O_2）和氢气（H_2）。国际焊接学会指出，保护气体统一按氧化势进行分类，并确定分类指标的简单计算公式为：分类指标 = $\varphi(O_2) + \frac{1}{2}\varphi(CO_2)$。在此公式的基础上，根据保护气体的氧化势可将保护气体分成五类。I 类为惰性气体或还原性气体，M1 类为弱氧化性气体，M2 类为中等氧化性气体，M3 和 C 类为强氧化性气体。保护气体各类型的氧化势指标如表 6-24 所示。常用的保护气体应用如表 6-25 所示。

表 6-24　保护气体各类型的氧化势指标

类型	I	M1	M2	M3	C
氧化势指标	<1	1~5	5~9	9~16	>16

表 6-25　常用保护气体应用

被焊材料	保护气体	混合比/%	化学性质	焊接方法
铝及铝合金	Ar		惰性	熔化极和钨极
	Ar+He	He 10		
铜及铜合金	Ar		惰性	熔化极和钨极
	Ar+N_2	N_2 20		熔化极
	N_2		还原性	
不锈钢	Ar		惰性	钨极
	Ar+O_2	O_2 1~2	氧化性	熔化极
	Ar+O_2+CO_2	O_2 2，CO_2 5		
碳钢及低合金钢	CO_2	CO_2 20~30	氧化性	熔化极
	Ar+CO_2	O_2 10~15		
	CO_2+O_2			
钛锆及其合金	Ar		惰性	熔化极和钨极
	Ar+He	He 25		
镍基合金	Ar+He	He 15	惰性	熔化极和钨极
	Ar+N_2	N_2 6	还原性	钨极

（2）气焊、切割用气体。氧气、乙炔、液化石油气是气焊、气割用的气体，根据气体的性质，气焊、气割用气体又可以分为两类，即助燃气体（O_2）和可燃气体。乙炔用于金属的焊接和切割，液化石油气主要用于气割，近几年来推广迅速，并部分取代了乙炔。

可燃气体与氧气混合燃烧时，放出大量的热，形成热量集中的高温火焰（火焰中的最高温度一般可达 2000~3000℃），可将金属加热和熔化。气焊、切割时常用的可燃气体是乙炔，目前推广使用的可燃气体还有丙烷、丙烯、液化石油气（以丙烷为主）、天然气（以甲烷为主）等。几种常用可燃气体的物理和化学性能如表 6-26 所示。

表 6-26　几种常用可燃气体的物理和化学性能

气体		乙炔	丙烷	丙烯	丁烷	天然气	氢气
分子相对质量		26	44	42	58	16	2
密度（标准状态下）/kg·m^{-3}		1.17	1.85	1.82	2.46	0.71	0.08
15.6℃时相对于空气质量比（空气=1）		0.906	1.52	1.48	2.0	0.55	0.07
着火点/℃		335	510	455	502	645	510
总热值	kJ/m^3	52963	85746	81182	121482	37681	10048
	kJ/m^3	50208	51212	49204	49380	56233	—
理论需氧量（氧-燃气体积比）		2.5	5	4.5	6.5	2.0	0.5
实际耗氧量（氧-燃气体积比）		1.1	3.5	2.6	—	1.5	0.25
中性焰温度/℃	氧气中燃烧	3100	2520	2870	—	2540	2600
	空气中燃烧	2630	2116	2104	2132	2066	2210
火焰燃烧速度/m·s^{-1}	氧气中燃烧	8	4	—	—	5.5	11.2
	空气中燃烧	5.8	3.9	—	—	5.5	11.0
可燃气体爆炸范围的体积分数/%	氧气中	2.8~93	2.3~55	2.1~53	—	5.5~62	4.0~96
	空气中	2.5~80	2.5~10	2.4~10	1.9~8.4	5.3~14	4.1~74

6.4.1.2　焊接用气体的特性

不同焊接或切割过程中气体的作用也有所不同，并且气体的选择还与被焊材料有关，这就需要在不同的场合选用具有某一特定物理或化学性能的一种气体甚至多种气体的混合。焊接和切割中常用气体的主要性质和用途如表 6-27 所示，不同气体在焊接过程中的特性如表 6-28 所示。

表 6-27　焊接常用气体的主要特征和用途

气体	符号	主要性质	备　注
二氧化碳	CO$_2$	化学性质稳定，不燃烧、不助燃，在高温时能分解为 CO 和 O，对金属有一定氧化性。能液化，液态 CO$_2$ 蒸发时吸收大量热，能凝固成固态二氧化碳，俗称干冰	焊接时配用焊丝可用为保护气体，如 CO$_2$+Ar
氩气	Ar	惰性气体，化学性质不活泼，常温和高温下不与其他元素起化学作用	在氩弧焊、等离子焊接及切割时作为保护气体，起机械保护作用
氧气	O$_2$	无色气体，助燃，在高温下很活泼，与多种元素直接化合。焊接时，氧进入熔池会氧化金属元素，起有害作用	与可燃气体混合燃烧，可获得极高的温度，乙炔火焰、氢焰等按比例混合，可进行混合气体保护焊
乙炔	C$_2$H$_2$	俗称电石气，少量溶于水，能溶于酒精，大量溶于丙酮，与空气和氧混合形成爆炸性混合气体，在氧气中燃烧发出 3500℃ 高温和强光	与氧气混合燃烧，可获得极高的温度，氧乙炔火焰、氢碳等按比例混合，可进行混合气体保护焊

气体	符号	主要性质	备　注
氢气	H_2	能燃烧，常温时不活泼，高温时非常活泼，可作为金属矿和金属氧化物的还原剂。焊接时能大量熔于液态金属，冷却时析出，易形成气孔	焊接时作为还原性保护气体。与氧混合燃烧，可作为气焊的热源
氮气	N_2	化学性质不活泼，高温时能与氢氧直接化合。焊接时进入熔池起有害作用。与铜基本上不反应，可作保护气体	氮弧焊时，用氮作为保护气体，可焊接铜和不锈钢。氮也常用作等离子弧切割外层保护气

表 6-28　不同气体在焊接过程中的特性

气体	成分	弧柱电位梯度	电弧稳定性	金属过渡特性	化学性能	焊缝熔深形状	加热特性
CO_2	纯度 99.9%	高	满意	满意，但有些飞溅	强氧化性	扁平形熔深较大	—
Ar	纯度 99.995%	低	好	满意	—	蘑菇形	—
He	纯度 99.99%	高	满意	满意	—	扁平形	对焊件热输入比纯 Ar 高
N_2	纯度 99.9%	高	差	差	在钢中产生气孔和氮化物	扁平形	—

A　二氧化碳

二氧化碳气体（CO_2）是氧化性保护气体，CO_2 有固态、液态、气态三种状态。纯净的 CO_2 气体无色、无味。CO_2 气体在 0℃ 和 1atm（101325Pa）下，密度为 1.9768g/L，是空气的 1.5 倍。CO_2 易溶于水，当溶于水后略有酸味。CO_2 气体在高温时发生分解（$CO \rightarrow CO+O$，−283.24kJ），由于分解出原子态氧，因而使电弧气氛具有较强的氧化性。在高温的电弧区域里，因 CO_2 气体的分解作用，高温电弧气氛中常常是三种气体（CO、CO_2 和 O）同时存在。CO_2 气体的分解程度与焊接过程中的电弧温度有关，随着温度的升高，CO_2 气体的分解反应越剧烈，当温度超过 5000K 时，CO_2 气体几乎全部发生分解。液态 CO_2 是无色液体，其密度随温度变化而变化，当温度低于−11℃ 时比水密度大，高于−11℃ 则比水密度小。CO_2 由液态变为气态的沸点很低（−78℃），所以工业用 CO_2 一般都是使用液态的，常温下即可汽化。在 0℃ 和 1atm 下，1kg 液态 CO_2 可汽化成 CO_2 气体 509L。

气瓶内气化的 CO_2 气体中的含水量，与瓶内的压力有关，当压力降低到 0.98MPa 时，CO_2 气体中的含水量大为增加，便不能继续使用。焊接用 CO_2 气体的纯度应大于 99.5%，含水量不超过 0.05%，否则会降低焊缝的力学性能，焊缝也易产生气孔。如果 CO_2 气体的纯度达不到标准，可进行提纯处理。

焊接用的 CO_2 气体常装入钢瓶，CO_2 气瓶容量为 40L，涂色标记为铝白色，并标有黑色"液化二氧化碳"的字样。

如果在生产现场使用的市售 CO_2 气体水分含量较高、纯度偏低时，应该做提纯处理，经常采用的方法如下：

（1）将新灌 CO_2 气体钢瓶倒立静置 1~2h，使水分沉积在底部，然后打开倒置钢瓶的气阀，根据瓶中含水量的不同，一般放水 2~3 次，每次放水间隔约 30min，放水结束后将钢瓶放正。

（2）经放水处理后的钢瓶在使用前先放气 2~3min，因为上部的气体一般含有较多的空气和水分，而这些空气和水分主要是灌瓶时混入瓶内的。

（3）在 CO_2 供气管路中串接高压干燥器和低压干燥器，干燥剂可采用硅胶、无水氧化钙或脱水硫酸铜，以进一步减少 CO_2 气体中的水分，用过的干燥剂烘干后可重复使用。

（4）当瓶中气压降低到 0.98MPa 时，不再使用。

当通风不良或狭窄空间内采用 CO_2 作保护气体施焊时，须加强通风措施，以免因 CO_2 浓度超过国家规定的允许浓度（30kg/m），而影响焊工身体健康。

B　氩气

氩气无色无味，是在空气中除氮、氧之外，含量最多的一种稀有气体，其体积分数约 0.935%，氩气的沸点为 -186℃，密度是 1.78g/L，约为空气的 1.25 倍。分馏液态空气制取氧气时，可同时制取氩气。因此可以避免焊缝中金属元焊接时既不与金属起化学反应，氩气是一种惰性气体，也不溶解于液态金属中，为获得高质量的焊缝提供了有利条素的烧损和由此带来的其他焊接缺陷，使焊接冶金反应变得简单并容易控制。所以在氩气中燃烧的电弧热量损失较小。氩气的密度较大，在保护时不易漂浮散失，保护效果良好。焊丝金属很容易呈稳定的轴向射流过渡，飞溅极小。

氩气以液态形式储存和运输，但焊接时多使用钢瓶装的氩气，氩气钢瓶规定漆成银灰色，并标有深绿色"氩气"的字样。目前我国常用氩气钢瓶的容积为 33L、40L、44L，在 20℃以下，满瓶装氩气压力为 14.7MPa。氩气钢瓶在使用中严禁敲击、碰撞；瓶阀冻结时，不得用火烘烤；不得用电磁超重搬运机搬运氩气钢瓶；夏季要防日光暴晒；瓶内气体不能用尽；氩气钢瓶一般应直立放置。

氩气是制氧的副产品，因为氩气的沸点介于氧和氮之间，差值很小，所以在氩气中常残留一定数量的其他杂质。按我国现行规定，焊接用氩气的纯度应达到 99.99% 以上，具体技术要求按 GB 4842—84 和 GB 10642—89 的规定执行。

C　氦气

氦气也是一种无色、无味的惰性气体，与氩气一样也不和其他元素组成化合物，不易溶于其他金属，是一种单原子气体，沸点为 -269℃。氦气的电离电位较高，焊接时引弧困难。与氩气相比它的热导率较大，在相同的焊接电流和电弧强度下电压高，电弧温度高，因此母材输入热量大，焊接速度快，弧柱细而集中，焊缝有较大的熔透率。这是利用氦气进行电弧焊的主要优点，但电弧相对稳定性稍差于氩弧焊。

氦气的原子质量轻，密度小，要有效地保护焊接区域，其流量要比氩气大得多。由于价格昂贵，只在某些具有特殊要求的场合下应用，如核反应堆的冷却棒、大厚度的铝合金等关键零部件的焊接。氩气和氦气在焊接过程中的特性比较如表 6-29 所示。

表 6-29　氩气和氦气在焊接过程中的特性比较

气体	符号	焊接过程特性
氩气	Ar	(1) 电弧电压低：产生的热量少，适用于薄金属的钨极氩弧焊； (2) 良好的清理作用； (3) 容易引弧：焊接薄件金属时特别重要； (4) 气体流量小：氩气比空气密度大，保护效果好，比氦气受空气的流动性影响小； (5) 适合立焊和仰焊：氩气能较好地控制立焊和仰焊时的熔池，但保护效果比氦气差； (6) 焊接异种金属：一般氩气优于氦气
氦气	He	(1) 电弧电压高：电弧产生的热量大，适合焊接厚金属和具有高热导率的金属； (2) 热影响区小：焊接变形小，并得到较高的力学性能； (3) 气体流量大：敏感，但氦气对仰焊和立焊的保护效果好； (4) 自动焊速度高

适合焊接形成难熔氧化皮的金属，如铝铝合金及含铝量高的铁基，由于氦气电弧不稳定，阴极清理作用也不明显，钨极氦弧焊一般采用直流正接，即使对于铝、镁及其合金的焊接也不采用交流电源。氦弧发热量大且集中，电弧穿透力强，在电弧很短时，正接也有一定的去除氧化膜效果。直流正接氦弧焊接铝合金时，单道焊接厚度可达 12mm，正反面焊可达 20mm。与交流氩弧焊相比，熔深大、焊道窄、变形小、软化区小、金属不易过烧。对于热处理强化铝合金，其接头的常温及低温力学性能均优于交流氩弧焊。

作为焊接用保护气体，一般要求氦气的纯度为 99.9%～99.999%，此外还与被焊母材的种类、成分、性能及对焊接接头的质量要求有关。一般情况下，焊接活泼金属时，为防止金属在焊接过程中氧化、氮化，降低焊接接头质量，应选用高纯度氦气。

D　氧气的性质

氧气在常温常压下是一种无色、无臭、无味、无毒的气体。在 0℃ 和 1atm（101325Pa）下氧气密度为 1.43kg/m^3，比空气大。氧的液化温度为-182.96℃，液态氧呈浅蓝色。常温时，氧则以化合物和游离态大量存在于空气和水中。

氧气本身并不能燃烧，但它是一种化学性质极为活泼的助燃气体，能与很多元素化合，生成氧化物。通常情况下把激烈的氧化反应称为燃烧。气焊和切割正是利用可燃气体和氧燃烧所放出的热量作为热源的。

制取氧气的方法很多，如化学法、电解水法及液化空气法等。但在工业上大量制取氧气时，都采用液化空气法。就是将空气压缩，并且冷却到-196℃以下，使空气变成液体，然后再升高温度，当液体空气的温度上升到-196℃时，空气中的氮则蒸发变成气体，但温度继续升高到-183℃时，氧开始气化。再用压缩机将气体氧压缩到 120～150atm，装入专用的氧气瓶中，以便使用和储存。

氧气的存储和运输一般都将氧气装在专用的氧气瓶中，并且氧气瓶外部应涂上天蓝色油漆，用黑色油漆标注"氧气"字样。常用氧气瓶的容积在 40L，在 15MPa 压力下，可存储 6m^3 的氧气。

与气态氧相比，液态氧具有耗能低、供给的氧气纯度高（可达 99.9% 以上）、运输效率高等优点。因此工业用氧有时也以液态氧方式供应。向使用单位或现场供应液态氧的方式如下：

（1）在使用部门设置气态氧储罐，由装备气化装置和压缩装置的液态运输槽车向储罐充装气态氧。

（2）在使用部门设置液态储罐和气化装置，由液氧运输槽车向储罐充装液态氧。

（3）将小型液氧容器和相应的气化器装在推车上，配置在使用现场，并按使用需要在现场随时移动，这种方式只限于用氧量不大的工厂和现场。

由于氧气是一种助燃气体，性质极为活泼，当气瓶装满时，压力高达 150 个大气压。在使用过程中，如不谨慎就有发生爆炸的危险，因此，在使用和运输氧气过程中，应特别注意以下几点：

（1）防油。禁止戴着沾有油渍的手套去接触氧气瓶及其附属设备；运输时，绝对不能和易燃物和油类放在一起。

（2）防震动。氧气瓶必须牢固放置，防止受到震动，引起氧气爆炸。竖立时，应用铁箍或链条固定好；卧放时，应用垫木支撑防止滚动，瓶体上最好套上两个胶皮减震圈。运输时，应用专车进行运送。

（3）防高温。氧气瓶无论放置还是运输时，都应离开火源不少于 10m。离开热源不少于 1m。夏天，在室外阳光下工作，必须用帆布等遮盖好，以防爆炸。

（4）防冻。冬季使用氧气瓶时，如果氧气瓶开关冻结了，应用热水浸过的抹布盖上使其解冻。绝对禁止用火去加热解冻，以免造成爆炸事故。

（5）开启氧气瓶开关前，检查压紧螺母是否拧紧。旋转手轮时，必须平稳，不能用力过猛，人应站在出氧口一侧。使用氧气时，不能把瓶内的氧气全部用完，至少剩余 1~3 个大气压的氧气。

（6）氧气瓶不使用时，必须将保护罩罩在瓶口上，以防损坏开关。

（7）修理氧气瓶开关时，应特别注意安全，防止氧气瓶爆炸。

由于工业用氧气通常都是采用液化空气法制取的，所以在氧气中常含有氮，焊接和切割时有氮气的存在，不但使火焰温度降低，影响生产效率，而且氮气还会与熔化的铁水化合，使之变成氮化铁，降低焊缝的强度。因此氧气的纯度对气焊、切割的效率和质量有很大影响，用于气焊和切割的氧气纯度越高越好，尤其是切割时，为实现切口下缘无黏渣，氧气纯度至少在 99.6% 以上。

对质量要求高的气焊、切割应采用纯度高的 I 类或 II 类一级氧气，以获得所需要的导热强度。氧气也常用作惰性气体保护焊时的附加气体，以起到细化熔滴，克服电弧阴极斑点的飘移，增加母材热量输入，提高焊接速度等作用。

E　乙炔

乙炔是由电石（碳化钙）和水相互作用分解而得到的一种无色而带有特殊臭味的碳氢化合物，其分子式为 C_2H_2，比空气轻。

乙炔是可燃性气体，它与空气混合时所产生的火焰温度为 2350℃，而与氧气混合燃烧时所产生的火焰温度为 3000~3300℃，因此，足以迅速熔化金属进行焊接和切割。

乙炔是一种具有爆炸性的危险气体，使用时必须注意安全。乙炔与铜或银长期接触后会生成爆炸性的化合物乙炔铜（Cu_2C_2）和乙炔银（Ag_2C_2），所以凡是与乙炔接触的器具设备禁止用银或铜含量超过 70% 的铜合金制造。

存储和运输乙炔的乙炔瓶外表涂白色，并用红漆标注"乙炔"字样。瓶内装有浸满着丙酮的多孔性材料，能使乙炔安全地存储在乙炔瓶内。

F　液化石油

液化石油气是石油工业的一种副产品，主要成分为丙烷（C_3H_8）、丁烷（C_4H_{10}）、丙烯（C_3H_6）等碳氢化合物。液化石油气在普通温度和大气压下，组成液化石油气的这些碳氢化合物以气态存在，但只要加上约为 0.8~1.5MPa 的压力就会变为便于瓶装存储和运输的液体。

工业上一般使用气态的石油气。气态石油气是一种略带臭味的无色气体，在标准状态下，石油气比空气密度大，其密度约为 1.8~2.5kg/m³。液化石油气的几种主要成分均能与空气或氧气构成具有爆炸性的混合气体，但爆炸混合比值范围较小，与使用乙炔相比价格便宜，比较安全，不会发生回火。液化石油气安全燃烧所需氧气量比乙炔大，火焰温度较乙炔低，燃烧速度也较慢，故液化石油气的割炬也应做相应的改制，要求割炬有较大的混合气体喷出截面，以降低流出速度，保证良好的燃烧。

采用液化石油气切割，必须注意调节液化石油气的供气压力，一般是通过液化石油气的供气设备来调节。液化石油气的供气设备主要包括气体钢瓶、气化器和调节器。

根据用户用量及使用方式，钢瓶容量也有所不同。工业上常采用 30kg 容量钢瓶，如果单位液化石油气用量较大，还可制造 1.5t 和 3.5t 的大型储气罐。

钢瓶的制造材料可采用 16Mn 钢、甲类钢 Q235 或 20 号优质碳素钢等。钢瓶最大工作压力为 1.6MPa，水压试验为 3MPa。液化石油气钢瓶外表涂银灰色，并标明"液化石油气"字样。常用液化石油气钢瓶的规格如表 6-30 所示。钢瓶试验鉴定后，固定在瓶体上的金属牌应注明制造厂商、编号、质量、容量、制造日期、试验日期、工作压力、试验压力等，并标有制造厂检查部门的钢印。

表 6-30　常用液化石油气钢瓶的规格

类别	容积/L	外径/mm	壁厚/mm	全高/mm	自重/kg	材质	耐压试验水压
12kg，12.5kg，15kg，20kg	29，34，47	325，335，380	2.5，3	645，650	11.5，12.8，20	16Mn，Q235	333MPa

G　天然气

天然气是油气田的产物，其成分随产地而异，主要成分是甲烷（CH_4），也属于碳氢化合物。甲烷在常温下为无色、有轻微臭味的气体，其液化温度为-162℃，与空气或氧气混合时也会发生爆炸，甲烷与氧的混合气体爆炸范围为 5.4%~59.2%（体积分数）。甲烷在氧气中燃烧速度为 5.5m/s。甲烷在纯氧中完全燃烧时的化学反应式为：

$$CH_4 + 2O_2 \longrightarrow CO_2 + 2H_2O$$

由上式可知，其理论耗氧量为 1:2，空气中燃烧时形成中性火焰的实际耗氧量为 1:1.5，火焰温度约为 2540℃，比乙炔低得多，因此切割时需要预热较长的时间。通常在天然气丰富的地区用作切割的燃气。

H　氢气

氢气是无色无味的可燃性气体，氢的相对原子质量最小，可溶于水。氢气具有最大的扩散速度和很高的导热性，其热导率比空气大 7 倍，极易泄漏，点火能量低，是一种最危险的易燃易爆气体。在空气中的自燃点为 560℃，在氧气中的自燃点为 450℃，氢氧火焰温度可达 2660℃（中性焰）。氢气具有很强的还原性，在高温下，它可以从金属氧化物中使金属还原。

制备氢气的常用方法有分解粗汽油法、分解氨水法和电解水法。氢气可以加压装入钢瓶中，在温度 21℃时充气压力为 14MPa（表压）。

氢气常被用于等离子弧的切割和焊接；有时也用于铅的焊接；在熔化极气体保护焊时在 Ar 中加入适量 H_2 可增大母材的输入热量，提高焊接速度和效率。

I　氮气

氮气的电离势较低，相对原子质量较氩气小。氮气可用作焊接时的保护气体；由于氮气导热及携热性较好，也常用作等离子弧切割的工作气体，有较长的弧柱，又有分子复合热能，因此可以切割厚度较大的金属板。但因原子相对质量较氩气小，因此用于等离子弧切割时，要求电源有很高的空载电压。

氮气既不能燃烧，也不能助燃，化学性质很不活泼。但加热后能与锂、镁、钛等元素化合，高温时常与氢、氧直接化合，焊接时能溶于液态金属起有害作用，但对铜及合金不起反应，有保护作用。

氮气在高温时能与金属发生反应，等离子弧切割时，对电极的侵蚀作用较强，尤其在气体压力较高的情况下，宜加入氩或氢。另外，用氮气作为工作气体时，会使切割表面氮化，切割时产生较多的氮氧化物。

用作焊接或等离子弧切割的氮气的纯度应符合 GB 3864—83 规定的 I 类或 II 类一级的技术要求，如表 6-31 所示。

表 6-31　工业用氮气的技术要求

指标名称（体积分数）		I 类	II 类	
			一级	二级
氮含量（≥）/%		99.5	99.5	98.5
氧含量（≤）/%		0.5	0.5	—
水分	游离水（≤）/Ml	—	100	
	露点（≤）/℃	-43	—	1.5100

6.4.2　焊接用气体的选用

6.4.2.1　焊接用气体的选用

焊接时用作保护气体的主要是氩气（Ar）、二氧化碳气体（CO_2），此外还有氦气（He）、氮气（N_2）、氢气（H_2）等。

氩气、氦气是惰性气体，对化学性质不活泼而易于与氧起反应的金属，是非常理想的保护气，故常用于铝、镁、钛等合金的焊接。由于氦气的消耗量很大，而且价格昂贵，所以很少用单一的氦气，常和氩气等混合起来使用以改善电弧特性。

氮气、氢气是还原性气体。氮气可以同多数金属起反应，是焊接中的有害气体，但不溶于铜及铜合金，故可作为铜及合金焊接的保护气体。氢气主要用于氢原子焊，目前这种方法已很少应用。另外，氮气、氢气也常和其他气体混合起来使用。

二氧化碳气体是氧化性气体。由于二氧化碳气体来源丰富，而且成本低，因此值得广泛推广应用，目前主要用于碳素钢及低合金钢的焊接。

混合气体是一种保护气体中加入适当分量的另一种（或两种）其他气体。应用最广的是在惰性气体氩气（Ar）中加入少量的氧化性气体（CO_2、O_2 或其混合气体），用这种气体作为保护气体的焊接方法称为熔化极活性气体保护焊，简称 MAG 焊。由于混合气体中氩气所占比例大，故常称为富氩混合气体保护焊，常用来焊接碳钢、低合金钢及不锈钢。常用的保护气体的应用如表 6-32 所示。

表 6-32　常用保护气体的应用

被焊材料	保护气体	混合比	化学性质	焊接方法
铝及铝合金	Ar		惰性	熔化极和钨极
	Ar+He	$\varphi(He)=10\%$		
铜及铜合金	Ar		惰性	熔化极和钨极
	Ar+N_2	$\varphi(N_2)=10\%$		熔化极
	N_2		还原性	
不锈钢	Ar		惰性	钨极
	Ar+O_2	$\varphi(O_2)=1\%\sim2\%$		
	Ar+O_2+CO_2	$\varphi(O_2)=2\%$，$\varphi(CO_2)=5\%$	氧化性	熔化极
碳钢及低合金钢	CO_2			
	Ar+CO_2	$\varphi(CO_2)=20\%\sim30\%$	氧化性	熔化极
	O_2+CO_2	$\varphi(O_2)=10\%\sim15\%$		
钛锆及其合金	Ar		惰性	熔化极和钨极
	Ar+He	$\varphi(He)=25\%$		
镍基合金	Ar+He	$\varphi(He)=15\%$	惰性	熔化极和钨极
	Ar+N_2	$\varphi(N_2)=6\%$	还原性	钨极

6.4.2.2　气焊、气割用气体

氧气、乙炔、液化石油是气焊、气割用的气体，乙炔、液化石油气是可燃气体，氧气是助燃气体。乙炔用于金属的焊接和切割。液化石油气主要用于气割，近年来推广迅速，并部分的取代了乙炔。

此外，可燃气体除了乙炔、液化石油气外，还有丙烯、天然气、焦炉煤气、氢气以及丙炔、丙烷与丙烯的混合气体、乙炔与丙烯的混合气体、乙炔与丙烷的混合气体、乙炔与乙烯的混合气体及以丙烷、丙烯、液化石油气为原料，再辅以一定比例的添加剂的气体和经雾化后的汽油。这些气体主要用于气割，但综合效果均不及液化石油气。

任务 6.5　其他焊接材料

6.5.1　钨极

钨极是无及氩弧焊的不熔化电极，对电弧的稳定性和焊接质量影响很大。要求钨极具有电流量大、损耗小、引弧和稳弧性能好等特性。常用的钨极有纯钨极、钍钨极和铈钨极三种。

纯钨牌号为 W1、W2，其熔点高达 3400℃，沸点约为 5900℃，在电弧热作用下不易熔化与蒸发，可以作为不熔化电极材料，基本上能满足焊接过程的要求，但是因为电流承载能力低，空载电压高的原因，目前很少使用。

在纯钨中加入 1%~2% 的二氧化钍，即为钍钨极，牌号有：WTh-10、WTh-7、WTh-15 等。由于钍是一种电子发射能力很强的稀土元素，钍钨极与纯钨极相比，具有容易引弧，不易烧损，使用寿命长，电弧稳定性好等优点。其缺点是成本比较高，且有微量放射性，必须加强劳动防护。

铈钨极是在纯钨中加入 2% 的氧化铈，牌号为 WCe-20 等。它比钍钨极有更多的优点，引弧容易，电弧稳定性好，许用电流密度大，电极烧损小，使用寿命长，且几乎没有放射性，所以是一种理想的电极材料。所以我国目前建议尽量采用铈钨极。常用钨极的化学成分及牌号、常用钨极性能的比较分别如表 6-33 和 6-34 所示。

表 6-33　常用钨极的化学成分和牌号

钨极类别	牌号	化学成分（质量分数）%						
		W	ThO_2	CeO	SiO_2	$Fe_2O_3+Al_2O_3$	Mo	CaO
纯钨极	W1	99.92	—	—	0.03	0.03	0.01	0.01
纯钨极	W2	99.82	—	—	总的质量分数不大于 0.15			
钍钨极	WTh-7	余量	0.7~0.99	—	0.06	0.02	0.01	0.01
钍钨极	WTh-10	余量	1.0~1.49	—	0.06	0.02	0.01	0.01
钍钨极	WTh-15	余量	1.5~2.0	—	0.06	0.02	0.01	0.01
铈钨极	WCe-20	余量	—	1.8~2.2	0.06	0.02	0.01	0.01

表 6-34　钨极性能比较

钨极类别	空载电压	电子逸出功	小电流下断弧间隙	电弧电压	许用电流	放射性剂量	化学稳定性	大电流时烧损	寿命
纯钨极	高	高	短	较高	小	无	好	大	短
钍钨极	较低	较低	较长	较低	较大	小	好	较小	较长
铈钨极	低	低	长	低	大	无	较好	小	长

为了使用方便，钨极一端常涂有颜色，以便识别，钍钨极为红色，铈钨极为灰色，纯

钨极为绿色。常用的钨极直径有 0.5、1.0、1.6、2.0、2.5、3.0、4.0 等规格。钨极牌号意义如下所示：

钨极牌号用 W 加类别元素符号及数字表示，其编制方法如下：W×—××。W 表示钨极；W 后是类别元素符号 Th、Ce 等。短横线"—"后的两位数字表示该元素的含量。例如：

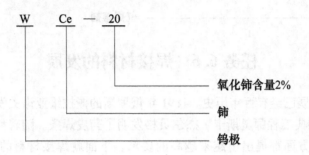

6.5.2　气焊溶剂

气焊溶剂是气焊时的助熔剂，它的作用是与熔池内的金属氧化物或非金属夹杂物相互作用生成熔渣，覆盖在熔池表面，使熔池与空气隔离，从而有效防止熔池金属的继续氧化，改善了焊缝的质量。所以，焊接有色金属（如铜及铜合金、铝及铝合金）、铸铁及不锈钢等材料时，通常必须采用气焊焊剂。

气焊熔剂可以在焊前直接撒在焊件坡口上或者蘸在气焊丝上加入熔池。常用的气焊熔剂的牌号、性能及用途如表 6-35 所示。

表 6-35　气焊熔剂的牌号、性能及用途

熔剂牌号	名称	基本性能	用途
CJ101	不锈钢及耐热钢气焊熔剂	熔点 900℃，有良好的润湿作用，能防止熔化金属被氧化，焊后熔渣易清除	用于不锈钢及耐热钢气焊
CJ201	铸铁气焊熔剂	熔点为 650℃，呈碱性反应，具有潮解性，能有效地去除铸铁在气焊时所产生的硅酸盐和氧化物，有加速金属熔化的功能	用于铸铁件气焊
CJ301	铜气焊熔剂	系硼基盐类，易潮解，熔点为 650℃，呈酸性反应，能有效地熔解氧化铜和氧化亚铜	用于铜及铜合金气焊
CJ401	铝气焊熔剂	熔点为 560℃，呈酸性反应，能有效地破坏氧化铝膜，因极易吸潮，在空气中能引起铝的腐蚀，焊后必须将熔渣清除干净	用于铝及铝合金气焊

气焊熔剂牌号用 CJ 加三位数字来表示，其编制方法为：CJ×××。

CJ 表示气焊熔剂；第一位数字表示气焊熔剂的用途类型："1"表示不锈钢及耐热钢用熔剂；"2"表示铸铁气焊用剂；"3"表示铜及铜合金气焊用熔剂；"4"表示铝及铝合金气焊用熔剂；第二、三位数字表示同一类型气焊熔剂的不同牌号。

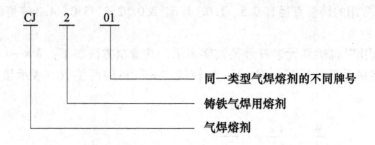

同一类型气焊熔剂的不同牌号

铸铁气焊用熔剂

气焊熔剂

任务 6.6　焊接材料的发展

　　焊接材料的发展已经有百年历史。1891 年俄罗斯的撕拉维亚诺夫发明了无药皮的金属电极焊，1907 年瑞典工程师奥斯卡·杰尔贝格发明了药皮焊条。随着科学技术发展，无论对产品品种和产量方面都提出了越来越高的要求，下面就焊接材料的发展现状加以简单介绍。

6.6.1　焊条的发展

　　目前，国内外各种新型焊条、专用焊条发展很快，正向高质量、高效率、低尘、低毒方面发展。以瑞典为代表的欧美各国，着重制定卫生标准，按照焊条的发尘量、发烟量进行分级。并研制了低尘低毒的新型焊条。日本重点研究降尘、降毒的方法。我国对焊条的发展也进行了大量的研究工作，主要围绕以下三个方面：

　　(1) 提高焊条质量；

　　(2) 提高焊接效率；

　　(3) 配合新钢种，研制与新钢种配套的焊条。

6.6.1.1　低尘低毒焊条

　　日本在 20 世纪 70 年代后期开发了新型的低尘、低毒焊条。它与同类型焊条相比，在工艺性能和力学性能基本相同的情况下焊条发尘量减少了 30% ~ 50%。1979 年，天津大学与邢台电焊条厂联合研制的 "J507 低尘低毒焊条" 也取得了非常显著的效果。

　　通常降毒降尘的主要途径有：

　　(1) Mg 以 Mg 代替 K。在低氢焊条药皮中用 Mg 代替 K 作稳弧剂，可有效地降低烟尘的毒性。

　　(2) 采用各种办法尽量降低 K、Na 水玻璃的用量。如采用 Li 水玻璃或其他类型的黏结剂完全或部分代替 K、Na 水玻璃，可取的良好的降尘降毒效果。

　　(3) 降低低氢型焊条药皮中氟石的配比。或采用其他氟化物代替氟石，并对配方作适当调整，可以降尘降毒。

　　(4) 控制药皮厚度和药皮成分的配比。哈尔滨焊接所公布了制造低氢型、钛铁矿型、钛钙型三种渣系低尘焊条的专利技术。其技术要点是：控制药皮中水玻璃（干量）在 6.5% 以下；控制药皮外径/焊芯直径 = 1.25 ~ 1.55；控制 ($CaCO_3 + MgCO_3$)/SiO_2 的质量比值（对低氢焊条控制在 8 以上，对钛铁矿型焊条控制在 0.8 以上，对钛型焊条控制在 1 以上），这样可有效地降低焊条的发尘量。

6.6.1.2　超低氢焊条

日本在 1979 年研制的超低氢焊条，是用氟气置换结晶水的"合成氟金云母"代替含有结晶水的天然云母。熔敷金属扩散氢含量达到 0.6mL/100g。我国已成批生产合成氟金云母，并开始用于制造焊条。为了使焊条熔敷金属达到超低氢水平，药皮应具备三个条件：一是药皮原材料中不含结晶水；二是药皮冶金反应去氢能力强；三是药皮的耐湿性强。

6.6.1.3　抗吸潮焊条

为了提高焊条药皮的耐湿性，日本提出以锂水玻璃作为黏结剂可提高焊条的抗湿性。为了改进黏结性，又提出以硅胶加碱金属硅酸盐为基，再加入相对于基体为 0.2% ~ 30% 的碱土金属硼酸盐作添加剂，将二者混合进行搅拌，反应后的产物作为黏结剂。采用这种黏结剂制出的焊条不仅抗湿性强，而且药皮黏结强度高，高温烘烤时不易开裂。

6.6.1.4　铁粉焊条

铁粉焊条在提高效率的同时还可以改善焊条的工艺性能。目前世界上熔敷效率最高可达 350%。我国在 60 年代就研制成功了铁粉焊条。目前已将铁粉焊条列入国家焊条标准。

6.6.1.5　重力焊条

重力焊条是重力焊时使用的焊条，适用于水平位置的角焊缝焊接。焊条长度一般为 750 ~ 800mm，也有长达 1200mm，焊条直径 5.5 ~ 8.0mm。在焊条药皮中加入大量铁粉。由于焊条长、直径粗，可以节省焊条的辅助时间，而且药皮中加入了铁粉可以提高焊条的熔敷效率。重力焊目前在日本和欧洲的造船业中使用非常广泛。

6.6.1.6　立向下焊条

立向下焊条是指立焊时能从上向下施焊的专用高效焊条。这种焊条施焊时可采用较大的焊接电流、从上向下焊接。操作方便、焊接热量损失小、焊条消耗少、焊缝成形好、施焊速度快，比普通焊条快 50% 以上。目前，我国生产的立向下焊条有 J507 下、E5048 等。

6.6.1.7　底层焊条

这种焊条可以单面焊双面成形。单面施焊时，坡口背面也有熔渣均匀覆盖，并能形成均匀的焊缝。用这种焊条焊接中小直径压力钢管接头时，背面不需铲除焊根进行封底焊，仅从外部施焊即可保证焊接质量。目前底层焊条主要有纤维素型和低氢型两类。我国研制和生产的焊条有 J507D 焊条等。

6.6.1.8　管接头全位置下行焊条

这种焊条既能进行立向下焊接，又能进行全位置施焊，现有纤维素型和低氢两类。在管线敷设现场采用这种焊条施焊，有速度快（比常用焊条提高焊接效率 30% ~ 80%）、质量好、容易操作等优点。国外近几年来的输油管线工程，已几乎全部采用这种焊条施焊。我国现有产品牌号为 J507XG。

6.6.1.9 改进低氢型焊条工艺

改善引弧性和消除引弧点气孔可以采用以下途径：

（1）在焊条端部涂引弧剂；
（2）对焊芯端部进行特殊加工；
（3）调整药皮配方；
（4）采用管状焊芯制造焊条。

6.6.2 焊丝的发展

随着半自动气保焊技术的进步，焊丝的应用得到了很大的发展，尤其是药芯焊丝更是进展惊人。

6.6.2.1 低碳钢用药芯焊丝

美国霍巴特兄弟公司研制成功的自保护药芯焊丝，特别适用于软钢和镀锌板的单道焊接。其特点是湿润性好、飞溅少。日本神户制钢研制的全位置大电流焊接的药芯焊丝，直径可以细点到 1.2mm 的同时，电流可大到 250A，可作平、横、立（包括上进和下进）、仰全位置焊接、飞溅极少，脱渣优良，成形美观。其焊接速度比 CO_2 实芯焊丝约快 10%，效率很高。

6.6.2.2 不锈钢用药芯焊丝

日本于 20 世纪 80 年代后开发成功了 CO_2 气体保护用药芯焊丝，用于同种不锈钢的焊接，不锈钢与碳钢的焊接。这种焊丝的保护气最好采用 CO_2，虽然也可以采用 Ar、CO_2 混合气体保护，但随着 Ar 占比率的增加，气孔敏感性增加，且容易产生熔合不良，焊道表面不美观的弊端。所以 Ar 的混合比率应控制在 80% 以下。

6.6.2.3 低温钢用药芯焊丝

在低温钢焊接方面，过去主要采用焊条作为焊接材料，20 世纪 80 年代以后低温钢用药芯焊丝相继开发出来。采用药芯焊丝施焊时，为了保证所要求的低温韧性，对焊接线能量要加以限制。

6.6.2.4 金属型药芯焊丝

金属型药芯焊丝的药粉中大部分是金属粉（铁粉、脱氧剂），还加入了特殊的稳弧剂。这样就保证了焊接时造渣少、效率高、电弧稳、飞溅少等特点。另外，熔敷金属的扩散氢含量低，使抗裂性能得到提高。目前，已开发的品种有用于低碳钢和 $\sigma_s \approx 500MPa$ 级低合金钢焊接的，包括薄板、中板和厚板用的不同特性焊丝，主要用于焊钢架、产业机械、建筑机械、车辆等，它正在逐步取代实芯焊丝。

6.6.3 焊剂的发展

随着焊接技术的发展，埋弧焊的效率还要在进一步提高。为了适应新的焊接工艺方法，需要研制相应的焊剂，如：高速焊接用浮石状焊剂、大间距双丝焊接用渣壳导电焊剂、单面焊双面成形用衬垫焊剂等。

黏结剂在我国主要用于堆焊，近来有人在研究用黏结焊剂焊接高强钢和超低碳不锈钢。焊接超强钢时，把焊剂做成碱性，能获得韧性好、含氢量低、抗冷裂纹能力强的焊缝金属；焊接超低碳不锈钢时不发生增碳现象，保证焊缝的抗蚀性能。在黏结焊剂的生产方面，国内有不少单位实现了机械化造粒法，基本上解决了生产工序中的机械化问题。由于黏结焊剂具有许多优越性以及生产易实现机械化，所以黏结焊剂在高强钢、各种专用钢、不锈钢焊接和堆焊等方面都会有很大的发展前途。

烧结焊剂是继熔炼焊剂之后发展起来的新型焊剂，目前国外已广泛采用它来焊接碳钢、高强度钢和合金钢。由于烧结焊剂具有一系列优点，发展很迅速，现已研制并生产出多种具有不同特性的烧结焊剂，如抗潮焊接、双丝焊接用渣壳导电焊剂、横向埋弧焊等。

 思考题

6-1 填空题

1. 焊条是由_____和_____组成，在焊条前端药皮有 45℃ 左右倒角是为了_____。在尾部有一段焊芯，为_____，作用是_____。

2. 焊芯有两个作用，一是_____，二是_____。

3. 焊条焊芯中的主要合金元素和常用杂质是____、____、____、____、____、____。

4. 生产实践证明，焊条中的药皮重量与焊芯重量要有一个适当的比例，这个重量比例叫作_____，一般在_____。

5. 焊条药皮中的造气剂主要作用是_____和_____，造气剂有____和____。

6. 焊条药皮中的稳弧剂的作用是_____和_____，常用的稳弧剂是_____。

7. 使用低氢钠型碱性焊条，必须采用直流电源，这是因为碱性焊条药皮中含有_____。

8. 焊条型号 E4303 的 E 是表示_____，43 表示_____；0 是表示_____，03 连在一起是表示_____；这种焊条的牌号是_____。

9. Q235 钢焊接时，可选用型号为_____的焊条，20 钢焊接时可选用型号为_____的焊条。

10. 焊条药皮是由_____、_____、_____、_____等原料组成的。

11. 焊剂按其制造方法可分为_____和_____。

12. CO_2 气瓶外涂_____色，并标有_____色的"液化二氧化碳"的字样。

13. 氩气瓶外涂_____色，并标有_____色的"氩气"的字样。

14. 常用的钨极有_____、_____和_____三种。

6-2　判断题

1. 焊缝金属与熔渣的线膨胀系数之差越大，脱渣越容易。　　　　　　（　　　）

2. 碳能提高钢的强度和硬度，所以焊芯中应该具有较高的含碳量。　（　　　）

3. 焊条直径就是指的焊芯直径。　　　　　　　　　　　　　　　　（　　　）

4. 锰铁、硅铁在药皮中既可作脱氧剂，又可作为合金剂。　　　　　（　　　）

5. 焊条的型号就是牌号。　　　　　　　　　　　　　　　　　　　（　　　）

6. 酸性焊条对铁锈、水分、油污的敏感性较小。　　　　　　　　　（　　　）

7. Q235 钢与 Q345 钢两种异种钢进行焊接时，应选用 E5015 焊条来焊接。（　　　）

8. 对于不锈钢、耐热钢，应根据母材的化学成分来选择相应强度级别的焊条。

　　　　　　　　　　　　　　　　　　　　　　　　　　　　　　（　　　）

9. 从保障焊工的身体健康出发，应尽量选用酸性焊条。　　　　　　（　　　）

10. 氧化性气体由于本身氧化性强，所以不适当作为保护气体。　　　（　　　）

11. 在焊接结构刚性大、受力情况复杂时，可选用比母材强度低一级的焊条来焊接。

　　　　　　　　　　　　　　　　　　　　　　　　　　　　　　（　　　）

12. 因氮气不溶于铜，故可用氮气作为焊接铜及铜合金的保护气。　　（　　　）

6-3　思考题

1. 什么是焊接材料？熔焊的焊接材料主要包括哪些？

2. 焊接过程对焊芯的化学成分有什么特殊要求？

3. 碱性焊条为什么叫低氢型焊条？它采取了哪些降低焊缝含氢量的措施？

4. 解释焊条、焊丝型号及牌号的意义：E4303、E5015、E308-15、HJ431、J507、J422。

5. 焊条选用原则有哪些？

6. 常用钨极有哪些？各有何特点？

7. 焊接用气体有哪些？其性质和用途如何？

参 考 文 献

[1] 英若才. 熔焊原理及金属材料焊接 [M]. 北京：机械工业出版社，2010.

[2] 邱葭菲，蔡郴英. 金属熔焊原理 [M]. 北京：高等教育出版社，2014.

[3] 中国机械工程学会焊接学会. 焊接手册：第二卷 材料的焊接 [M]. 北京：机械工业出版社，2002.

[4] 机械工程学会焊接分会. 焊接金相图谱 [M]. 北京：机械工业出版社，1987.

[5] 吴树雄，尹士科. 焊丝选用指南 [M]. 北京：化学工业出版社，2002.

[6] 吴树雄. 电焊条选用指南. 北京：化学工业出版社，2003.

[7] 中国机械工程学会焊接学会. 焊接手册：第一卷 焊接方法及设备 [M]. 北京：机械工业出版社，2002.

[8] 中国机械工程学会焊接学会. 焊接手册：第二卷 材料的焊接 [M]. 北京：机械工业出版社，2002.

[9] 哈尔滨焊接研究所. GB/T 3375—1994 焊接名词术语 [S]. 北京：中国标准出版社，1995.

[10] 陈伯蠡. 焊接冶金原理 [M]. 北京：清华大学出版社，1991.